世界大麻経済戦争

矢部 武
Yabe Takeshi

a pilot of wisdom

はじめに――「グリーンラッシュ」に沸く世界の大麻産業

1800年代半ば、米国カリフォルニア州で金が発見されたのをきっかけに起きた「ゴールドラッシュ」になぞらえ、世界の「合法大麻」市場はいま、一攫千金《いっかく》を狙って新しい企業や起業家が次々参入する「グリーンラッシュ」に沸いている。

合法大麻とは闇市場で違法に取引される大麻ではなく、各国政府の管理下で合法的に栽培、流通、販売されている大麻のことである。日本ではいまだに「危険な薬物」として厳しく禁止されている大麻だが、世界に目を向ければ、医療用や嗜好《しこう》用、産業用の大麻の合法化がどんどん進んでいる。

大麻合法化は大きなビジネスチャンス

世界の歴史を振り返ってみれば、かつては医療用や産業用として有用性が高い大麻の使用を許可する国は珍しくなかったが、一方で、政治的思惑や宗教的・人種的差別、産業界の圧力などさまざまな理由で禁止する国も少なくなかった（その代表的な例が米国だが、それについては第1章で詳述する）。しかし、この数十年で大麻をめぐる世界の潮流は大きく変わり、解禁の動きが加速している。

２０２１年６月現在、医療用は世界47カ国で合法化され（図表1参照）、嗜好用は２カ国で、さらに「ヘンプ」と呼ばれる産業用大麻は約30カ国で合法化されている。２０１８年10月には「Ｇ７」主要先進国のなかで初めて、カナダが嗜好用大麻を合法化し、大きな注目を集めた。また、世界の合法大麻市場で大きなシェアを占める米国は、連邦法では産業用大麻が２０１８年12月に合法化され、州レベルでは医療用大麻は36州、嗜好用は18州で合法化と、続々と解禁が進んでいる状態である。

大麻合法化が大きなビジネスチャンスとなったいま、世界中の起業家や経営者、投資家などが大麻ビジネスの行方を注視している。

米国の公共放送局ＰＢＳは２０１９年７月、新たに大麻ビジネスに参入した企業や起業

【図表1】世界で医療用大麻を合法化した国（2021年6月現在）

（The Motley Fool、
Cannabis Business Plan などのデータをもとに作成）

北米（1）

カナダ、（米国：36州）

欧州（21）

イギリス、ドイツ、イタリア、デンマーク、フィンランド、アイルランド、
チェコ、ジョージア、ギリシャ、リトアニア、マルタ、ルクセンブルク、
オランダ、北マケドニア、ノルウェー、ポーランド、ポルトガル、
サンマリノ、スイス、クロアチア、キプロス

中東（2）

イスラエル、レバノン

アフリカ（6）

ガーナ、マラウイ、ザンビア、レソト、ジンバブエ、南アフリカ

中南米（12）

ウルグアイ、アルゼンチン、ブラジル、エクアドル、パラグアイ、
コロンビア、チリ、バルバドス、ジャマイカ、メキシコ、
ペルー、セントビンセントおよびグレナディーン諸島

大洋州（3）

オーストラリア、ニュージーランド、バヌアツ

アジア（2）

韓国、タイ

家などを中心に取り上げた特別番組「大麻ビジネス：グリーンラッシュ」（PBSニュースアワー）を放送した。

そのなかで特に興味深かったのは、2016年11月にカリフォルニア州で嗜好用大麻が合法化される約1年前に、大手金融機関に勤めていたポール・ヘンダーソン氏と不動産業者だったマイク・ビタール氏がそれぞれ仕事を辞めて、新しい大麻会社「グループ・フロール（GF）」を共同で設立したという話である。大麻の名産地として知られるカリフォルニア州サリナスに設立されたGFは、わずか数年で、大麻の栽培・加工・流通・販売までを一貫して行う州内有数の大麻企業に成長したという。

ビタール氏は、「大麻については自分で吸ったこともなく、よく知りませんでした。でも、たまたま大麻ビジネスのことを知り、大きなチャンスがあるような気がして始めることにしたんです」と話した。

2016年に嗜好用大麻が合法化される前に、彼はヘンダーソン氏と共同で14万平方メートルの大きな温室を購入していたが、そのすばやい決断は後にGFのビジネスの大きな助けとなった。

GFではこの温室で特別な栽培法を駆使して、年に5回も大麻草を栽培しているというが、それによって年間を通して大麻を収穫でき、安定した供給が可能になったのである。生育が早いことで知られる大麻草は、屋外では年に2～3回栽培されるのは珍しくないが、年に5回というのはすごい。

ヘンダーソン氏は共同創業者として大麻ビジネスを始めたことについて、「自分の人生で、これ以上の富を手にするチャンスはめぐってこないかもしれません。この業界でできることはすごい」と語っている。

PBSの報道によれば、大麻産業には大手企業も続々参入し、そのなかには米国の酒類販売大手のコンステレーション・ブランズ社、ビール大手のモルソン・クアーズ社、たばこ大手のアルトリア・グループ社、ドラッグストア大手のウォルグリーンズ・ブーツ・アライアンス社などが含まれているという。

市場調査会社「グランド・ビュー・リサーチ」が2018年に発表した報告書は、世界の医療用大麻と嗜好用大麻を合わせた合法大麻市場の規模は2025年までに約1460

億ドル（1ドル106円として約15兆4760億円）を超えると予測している。

コロナ禍でも大麻は「生活必需品」として売上急増

このように合法大麻市場で大きなビジネスチャンスが見込まれるなか、米国では新型コロナウイルスのパンデミック（大流行）の最中に興味深いことが起きた。

感染が急激に拡大し始めた2020年の3月半ば、多くの州で外出制限令が出され、小売店やレストラン、バー、映画館などが一時的な営業停止に追い込まれた。一方で、食料品や医薬品、車のガソリンなどの生活必需品を提供する店は営業を許可されたが、驚いたことにカリフォルニアなど8つの州では、大麻販売店がそれに含まれた。つまり、これらの州ではパンやミルク、薬と同じように生活に必須なものとして認められたわけで、大麻が人々の生活のなかに深く入り込んでいることを示す象徴的な出来事と言ってもよいだろう。

外出制限が課せられるなか、大麻販売店の多くは店頭販売に加えて、電話やインターネットで注文を受け、個々の顧客宅に配達するデリバリーサービスを行い、売上を増やした。

しかし、売上増加の背景には店側の努力だけでなく、大麻が持つ「人をリラックスさせる効果」が大きく影響していたことも明らかになった。

コロナ禍で人々が外出制限を課せられ、リモートワーク（在宅勤務）が増えたりするなかで、ストレスや家庭内暴力などの問題が懸念されるようになった。家族と長い時間を一緒に過ごしていると、ストレスがたまり、些細《ささい》なことで怒ったりして、配偶者や他の家族に対する暴力に発展するケースも少なくないからである。

ストレスを減らそうとしてお酒を飲む人もいるが、飲酒は人を攻撃的にすることが多く、家族間の暴力や暴言につながりやすい。

世界保健機関（WHO）は、「危険なレベルの過度な飲酒は、親密なパートナー間の暴力（IPV）の主な原因となる」と述べ、「アルコールの摂取は認知機能と身体機能に直接影響し、セルフコントロール（自制心）を低下させ、パートナー間の対立を非暴力的に解決する能力を低下させる」と、警鐘を鳴らしている。

WHOの定義によれば、「親密なパートナー間の暴力」には身体的な攻撃だけでなく、心理的虐待、強制的なセックス、パートナーを友人や家族から遠ざける行為なども含まれるという。

これに対し、大麻には心身をリラックスさせる効果があり、不安やストレスを減らして、パートナー間の良好な関係を維持するのに役立つと言われている。

実際、ニューヨークのバッファロー大学の公衆衛生・医療・薬物依存研究学部の研究チームが２０１４年に発表した調査では、「大麻を使用したカップル間では、暴力行為の発生件数が少ない」ことがわかった。研究チームは約９年かけて、６３４組のカップルを追跡調査した結果、「両者ともに大麻を使用したカップルの場合、暴力の報告件数が最も少なかった」という。

お酒は人を暴力的にするが、大麻は人をリラックスさせ、パートナー・家族間の暴力も減らしてくれるということを人々が再認識した結果、コロナ禍で大麻を使用する人が増えたのである。

私はスカイプを使って、カリフォルニア州アルバニーで悠々自適のリタイア生活を送る60代後半の男性（ゲアリーさん・仮名）に取材した。彼はダンスが趣味で、金曜日の夜はいつもライブハウスで生演奏のリズムに合わせて踊っていた。ところがコロナ禍でライブハウスが休業になってしまったため、その後は自宅で大麻を吸って、オンライン会議ソフトのZoom（ズーム）で十数人の仲間とつながりながら、ダンスを楽しんでいる。仲間の多くも大麻を吸っているという。

ゲアリーさんはコンサートや映画、レストランなどに出かける機会も減り、一日中家で奥さんといることが多くなったが、大麻を吸って適当にストレスを発散しているので、夫婦関係はとても良好だという。

また、大麻の摂取方法については、彼は喫煙による肺や気管支への影響を心配し、乾燥大麻を紙で巻いたジョイントではなく、ヴェポライザー（葉っぱを熱して、蒸発した成分を吸入する器具）を使っているという。煙を吸い込むことはないので、呼吸器系への負担が少ないからだ。他にも大麻成分入りのチンキ剤（大麻成分をエタノールなどの混合液に浸して作る液状の製剤）を舌下にたらしたり、グミやクッキーなど大麻入り食品を食べたりといろいろな方法がある。大麻入り食品は胃を通過して吸収されるので、吸引するより効果を感じるまで少し時間がかかるが、持続時間は比較的長いそうだ。

ゲアリーさんは20代から30代ぐらいまで嗜好目的で大麻を使用し、その後しばらくやめて、50歳を過ぎた頃から、足腰の痛みや関節炎などの症状を和らげるために使い始めたというベテランユーザーで、大麻の特性をよく知っている。

最後に彼は、「大麻のおかげでコロナ禍でも落ち込まず、毎日の生活を楽しむことができる」と上機嫌に話した。

産業用大麻にも「グリーンラッシュ」が到来

合法大麻市場には、嗜好用と医療用の他に、「ヘンプ」と呼ばれる産業用大麻も含まれる。ヘンプも同じ大麻だが、医療用や嗜好用として使われる「マリファナ」との違いは、ヘンプは精神活性作用のある成分「THC（テトラヒドロカンナビノール）」の含有量が0・3％未満に抑えられていることだ。したがって、ヘンプの葉っぱを吸ってもハイになる（高揚感を得る）ことはない。THCの効果については第1章で詳しく説明する。

米国は2018年12月に連邦法でヘンプ栽培を合法化した後、幅広い分野でヘンプを使用できるようにするための加工技術の向上やインフラ整備に取り組んでいる。ヘンプは繊維や燃料、建築資材、紙、食品などさまざまな分野で使われるが、その有用性には驚くべきものがある。

ヘンプの実（種子）には人間の生活機能に不可欠なアミノ酸や脂肪酸が豊富に含まれるため、食品・飲料業界で広く使用されている。また、砕いた種子から取れるオイル（油）は石鹸《せっけん》、シャンプー、化粧品などの他、栄養補助食品や医薬品などにも使われる。

さらに、ヘンプの茎や葉から取れる繊維は丈夫で吸湿性が高く、大量のヘミセルロース（植物繊維から抽出される多糖類の総称）を含んでいるため、繊維産業にとって有用性が高い。さらにヘンプ繊維はセメントブロック、漆喰《しっくい》、モルタル、コーティング、屋根材の下敷き、防音材の他、断熱材にも使用される。

ヘンプを原料とする繊維やプラスチック、建築資材などの使用を増やすことは、石油化学への依存を減らし、地球温暖化の進行を遅らせるのに役立つと言われている。

ヘンプは1ヘクタールあたりの二酸化炭素（CO_2）の吸収量が森林や商業作物などよりも多く、理想的な炭素吸収源になるという。ヘンプのCO_2の吸収能力は小麦やトウモロコシよりもはるかに高い。それにヘンプは栄養分の乏しい土壌でも、少量の水で広範囲に栽培することができ、かつ生育が早く、1年間に2～3回の栽培が可能である（ニュースサイト

〝BuzzFlash〟２０１９年７月26日）。

記録的な猛暑や大雨など、温暖化の影響とみられる異常気象が世界各地で起きているなか、大量のCO_2をバイオマス（再生可能な生物由来の有機性資源）に転換してくれるヘンプの栽培を増やすことは非常に重要ではないかと思われる。

薬物政策に関する専門情報サイト「ドラッグ・ポリシー・ファクツ」によれば、２０２１年６月現在、欧州、南北アメリカ、アジアなど世界約30カ国でヘンプの栽培（生産）が許可されている。中国は世界最大のヘンプ製品の生産国および輸出国のひとつであり、また、ほとんどのＥＵ加盟国でヘンプ製品の生産が行われ、活発な市場が存在するという。

大麻業界の情報調査会社「ニュー・フロンティア・データ（ＮＦＤ）」の２０１９年の報告書によると、世界のヘンプ産業の売上高は、２０１８年に37億ドル（約３９２２億円）に達し、２０２０年には57億ドル（約６０４２億円）を超え、２０２５年には２６６億ドル（約２兆８１９６億円）に増加する見込みだという。７年で７倍超に急成長するというすさまじさである。

また、ヘンプ産業の成長に伴い、急成長しているのがＣＢＤ市場である。ＣＢＤ製品には大麻由来成分の「ＣＢＤ（カンナビジオール）」を含んだ化粧品や食品、栄養補助食品、医薬品などさまざまなものが含まれる。

ヘンプ生産者の多くは、爆発的な成長が見込まれているＣＢＤ市場に目を向けながら、その生産量を増やしている。米国のＣＢＤ製品の売上高は、２０１９年の50億ドル（約５３００億円）から２０２３年には２３０億ドル（約2兆４３８０億円）超と、４・５倍以上に増えるとの予測も出ている（『フォーブス』２０１９年7月11日）。

ちなみにＣＢＤ製品は日本にも輸入されている。大麻由来の成分が含まれた製品であってもＴＨＣを含んでいなければ、日本でも販売や使用が可能だからだ。最近はＣＢＤ関連の食品、化粧品、栄養補助食品などの売上が急激に増えているようだが、もしかしたら日本にも「グリーンラッシュ」がやってくるかもしれない。それについては大麻取締法の問題も含めて、終章で論じることにしよう。

私の大麻との出会いと大麻解禁の流れ

私が大麻と初めて出会ったのは45年ほど前の１９７０年代後半、カリフォルニア州バークレーに留学した時だった。１９６０年代の米国は「ヒッピー」「ドラッグ」「フリーセックス」などに象徴される社会変革の嵐が吹き荒れた時代だったが、バークレーはその影響を強く受けた町のひとつで、私が滞在した当時も、大麻やＬＳＤ、コカインなどを使用する人は珍しくなかった。

パーティやコンサートなどに行くと、必ずと言っていいほど、誰かが乾燥大麻を紙で巻いたジョイントに火をつけて、周囲の人に回しているのをみた。大麻を吸うとリラックスしてハイな気分になり、感覚が鋭くなって音がきれいに聴こえるようになると皆が口をそろえた。

私の友人のジミーはアパートで大麻草を栽培し、昼間の仕事が終わると、よく大麻を吸っていた。

「ハードドラッグと違って、大麻はいくら吸っても過剰摂取で死ぬことはないし、数時間すれば元の状態に戻る。また効果が切れても、コカインやヘロインのように禁断症状に襲われることはないから、安心して使用できる」と、よく話していた。

実際、ジミーの友だちのなかにはヘロインやコカインの依存症になり、過剰摂取で中毒を起こして救急治療室に運ばれたり、そのまま亡くなってしまった者もいた。私はこの時初めて、コカインやヘロインなど「ハードドラッグ」と呼ばれる薬物と、比較的害の少ない「ソフトドラッグ」と呼ばれる大麻との違いを目の当たりにしたのである。

それから、1996年に米国で初めて、カリフォルニア州で医療用大麻が合法化されたのをきっかけに、私は本格的に大麻の取材を始めた。現地で医療用大麻を使用している患者や処方する医師などを取材し、エイズやがん、多発性硬化症、緑内障、てんかんなどの患者の治療に大きな効果をあげていることに驚き、その実態を拙著『医療マリファナの奇跡』（亜紀書房、1998年）にまとめた。

その後、米国では医療用と嗜好用大麻の州レベルの解禁がどんどん進んだ。2016年に刊行した『大麻解禁の真実』（宝島社）では、欧米を中心に医療用と嗜好用の大麻解禁が進む背景に何があるのか、大麻とハードドラッグとの違いは何か、日本ではなぜ大麻が解禁されないのかなどに焦点を当てて書いた。

そして今回の本では、『世界大麻経済戦争』というタイトルからもわかるように、米国やカナダ、中国、イスラエル、欧州、アフリカ、中南米、アジア諸国など世界の「合法大麻」市場で何が起きているのかを、各国の大麻ビジネス事情や市場獲得競争なども含めて明らかにし、同時に日本が世界の大麻市場から取り残されている現状を浮き彫りにする。その上で、日本はどうすべきかを考える。

それと、本書のもうひとつの狙いは、人間の健康と地球環境をいかに守るかという視点から、大麻の有用性を再評価することである。

世界は新型コロナウイルスの大流行を経験したことで、これまで経済成長一辺倒でやってきて地球環境に負荷をかけ過ぎたのではないか、人間の生き方を見直すべきではないかなどの疑問が呈されるようになった。新型コロナの発生は、行き過ぎた森林伐採や環境破壊などによって、野生動物と人間との距離が近くなり過ぎたことも一因ではないか、との指摘も出ている。

本書では、大麻がいかに人間の健康に寄与するかと同時に、地球環境を守る上でいかに有益な存在かをさまざまな具体例をあげて説明する。これを機に「大麻の真実と不思議な魅力」について理解していただければ幸いである。

目次

第2章　米国、カナダで急拡大する「合法大麻」市場

米国最大の経済力を持つカリフォルニア州で全面解禁
合法市場を確立するための「生みの苦しみ」

大麻の危険度はカフェインと同等程度
厚生労働省の「ストップ大麻！」ポスターへの疑問
車の運転と未成年者の使用は避けるべき
政府は大麻のリスクを誇張すべきではない！
WHOと国連が大麻規制の緩和を決定
GHQの指示で作られた「大麻取締法」
産業界の圧力と政治的な思惑で禁止した米国
石油・化学繊維業界が大麻を恐れた理由
支配者側の都合で禁止されてきた世界の大麻
いま解禁が進む背景に何があるのか

北海道に新たなヘンプ産業の創出を
ヘンプ産業の育成を妨げる大麻取締法
日本初の本格的なヘンプビジネス国際会議
日本にも「グリーンラッシュ」は到来するのか

おわりに ――

章扉デザイン・図版レイアウト／MOTHER
図版作成／海野　智

第1章

なぜ大麻は世界で禁止され、いま解禁されているのか

（Tikun Olam提供）

世界的に大麻解禁の動きが進み、合法大麻市場は「グリーンラッシュ」に沸いているというのに、日本ではなぜ、いまだにタブー視され、「危険な麻薬」として禁止されたままなのか。その最大の原因は厚生労働省が大麻の危険性を誇張し、大麻取締法を頑《かたく》なに守ろうとしていることにあると思われる。本章ではこれらの点について徹底的に検証したいと思うが、その前にまず、大麻とは何かについて考えてみよう。

そもそも大麻とは何か——大麻の基礎知識

大麻は植物で、「Cannabis= カンナビス」と呼ばれる大麻草の種類は主に3つある。中国原産の「カンナビス・サティバ・エル」、インド原産の「カンナビス・インディカ・ラム」、ロシア原産の「カンナビス・ルデラリス」である。

大麻には100種類以上のカンナビノイド（大麻の薬効成分）が含まれているが、そのなかで最も重要な作用を持つとされるのが、THC（テトラヒドロカンナビノール）と、C

BD（カンナビジオール）である。

THCには高揚感、解放感などの精神活性作用があり、副作用として軽度だが、脳や精神への悪影響、記憶障害、運動機能の障害などが指摘されている。大麻が多くの国で禁止されてきた大きな理由はTHCが含まれているからだが、近年はその危険性は比較的低いことがわかってきて、それが世界的な大麻解禁の流れにもつながっている。

一方、CBDには抗炎症作用や抗不安作用、鎮痛作用などがあり、心身への悪影響はほとんど報告されていない。CBDには強力な治療効果があるため、医療用に使われる大麻は、CBDの含有量を高めるための品種改良が行われている。たとえば、第2章で述べるが、難治性てんかんを抱えた5歳の少女の治療に使われた大麻は、CBDが約21％で、THCは1％以下に抑えられていたという。

中国原産のカンナビス・サティバは高さ3〜5メートルくらいに成長し、繊維質を多く含むので、医療用や嗜好用の他、衣服の原料などにも使われる。精神活性作用として爽快感や多幸感を与え、想像力や集中力を高めるなどの効果があるとされる。

インド原産のカンナビス・インディカは、背丈は1〜2メートルとサティバより低いが、葉っぱがよく茂り、樹脂やＴＨＣを多く含む。鎮静作用があり、穏やかで落ち着いた気分にさせ、不眠症の改善や痛みの緩和などの効果が指摘されている。しかし、これらの作用についてはサティバとインディカの違いだけでなく、ＴＨＣとＣＢＤの含有量によっても影響される。一般的にサティバはＴＨＣの含有量は高いがＣＢＤは低く、インディカはＴＨＣとＣＢＤの両方の含有量が高いとされている。

最後のロシア産のカンナビス・ルデラリスは、背丈は30～70センチメートルと低く、枝分かれも少ないが、成長が比較的早くて育てやすいという特徴がある。そしてＴＨＣの含有量が低くてＣＢＤが高いので、医療用に適しているという。

大麻は使用目的によって医療用、嗜好用、産業用に分かれることはすでに述べたが、それに関連して呼び方も変わってくる。大麻の総称は「カンナビス」だが、産業用大麻は「ヘンプ」と呼ばれ、医療用と嗜好用は「マリファナ」と呼ばれることが多い。ヘンプもマリファナも同じ大麻だが、両者の違いは精神活性作用のあるＴＨＣの含有量にある。米国ではＴＨＣが０・３％未満（欧州では０・２％未満だが、０・３％未満に変えようとの動きもある）の大麻をヘンプと呼び、その基準を超えるＴＨＣを含むものをマリファナと呼ぶ。

一般的にマリファナのＴＨＣ含有量は５～20％くらいとされている。

日本では大麻というと、高揚感をもたらす嗜好用ばかり注目されているが、実は世界の大麻の歴史をみると、医療用として何千年も前から使われてきたことがわかっている。医療用大麻の歴史は中国で始まり、それからインド、東南アジア、アフリカ、南米、中近東、欧州、北米へと伝わったと言われている。

中国やインドでは何千年も前から使われていた

中国では紀元前２７００年頃に、大麻が治療薬として使われていたことを示す文献がある。古代中国の『神農本草経』によると、神農が大麻を含む１００種類以上の薬草の治療効果を試したところ、大麻は生理不順や痛風、リウマチ、マラリア、脚気、便秘、消化不良、咳《せき》、下痢、疱疹《ほうしん》、思考の活性化などに効果があることがわかったそうだ。

それからインドで大麻が初めて治療薬として使われたのは紀元前１４００年頃で、当時のバラモン教の文献「アタルヴァ・ヴェーダ」のなかに、「大麻は人間を苦痛や苦悩から解放してくれる効果のある５つの薬草のひとつである」と記されている。古代インドの名医は、大麻を咳・痰《たん》の抑制剤、下痢止め剤、解熱剤などとして処方したという。

その後、大麻は古代ギリシャやローマ帝国でも多くの医師によって注目され、同時にアフリカでは赤痢やマラリアなど熱病の治療に使われたという。それから、医療用大麻は中世ヨーロッパ、さらにアメリカ大陸へと伝わっていった。

中世ヨーロッパでは、大麻治療は広く受け入れられた。1621年にイギリスの牧師ロバート・バートンによって書かれた『憂うつの解剖』のなかに、大麻をうつ病の治療に使ったことが記されている。また、1794年に出版された『エジンバラ新薬局方注解』には、大麻の効能が詳しく述べられている（レスター・グリンスプーン、ジェームズ・バカラー共著『マリファナ』より）。

19世紀に入ると、西洋の医学界で医療用大麻はますます注目を浴びるようになった。1840年から1900年までの間に、欧米では100冊以上の医療用大麻に関する書物が出版されたという。

医療用大麻が多くの国で長い間使われてきたことは驚きだが、さらに注目すべきは、一部の国では大麻は文化の一部として受け入れられ、人々の日常生活のなかにも深く入り込んでいたことである。

私は1990年代後半にカリフォルニア州サンフランシスコなどで医療用大麻の取材をしたが、その時に、1960年代にインドへ留学し、「本場のマリファナ文化」に出会ったという米国人の大麻専門家に話を聞く機会を得た。

インド留学の経験をもとに世界の大麻の歴史に関する論文を書いて博士号を取得したというマイケル・オルドリッジ博士はこう話した。

「私はインドへ行くまで、酒に基づいた米国文化、西洋文化しか知りませんでしたが、インドで大麻に基づく文化が存在することを知り、ものすごい衝撃を受けました。インドでは結婚式や成人式のお祝いから葬式に至るまで、あらゆる社会行事の場で人々は大麻を吸っています。

インドの大麻文化に触れて衝撃を受けたというマイケル・オルドリッジ博士

大人が子供に大麻の吸い方を教えているんです……」

博士は帰国すると、ニューヨーク州立大学バッファロー校の大学院に戻り、インドやイギリス、オランダ、ポルトガルなどの大麻の歴史に関する博士論文「マリファナの神話と民族挿話」を書き上げたという。

オルドリッジ博士がインドに滞在したのは1960年代半ばだったが、その後、インドは1985年に「麻薬および向精神薬取締法（NDPSA＝Narcotic Drugs and Psychotropic Substances Act）」を制定し、公式には大麻の所持・使用を禁止した。しかし、実際は多くの州や地域で大麻の非犯罪化が行われ、個人の所持・使用に関しては通常、刑事罰は科されないという。

このように大麻は世界中で数千年も前から使われ、それが土台となって最近の世界的な大麻解禁の流れにつながっていることがわかる。にもかかわらず、日本ではなぜ大麻使用に対する厳罰主義がいつまでも変わらないのか。

少量所持で「極悪人扱い」される日本の異常さ

私が米国で初めて大麻と出会った頃（1970年代後半）、民主党のジミー・カーター大統領（当時）が薬物に関する演説で、「1オンス（約28グラム）以下の大麻所持には刑事罰を廃して反則金のみにするべきだ」と議会に提案し、大きな注目を集めた。

カーター大統領はその理由として、「個人が薬物を所持していることに対する罰則は、その薬物を使って被る損害を上回ってはならないからだ」と説明した。要するに、大麻の健康被害は他の薬物と比べて少なく、刑務所に送るほどのものではない。そのようなことをすればその人の人生を台無しにしてしまい、結果的に社会的損失の方が大きいのでやめるべきだと主張したのである。

カーター大統領がこの提案をするにあたって根拠としたのは、レイモンド・シェーファー元ペンシルベニア州知事を委員長とする「マリファナおよび薬物乱用に関する全米委員会」が1972年に発表した報告書、「マリファナ：誤解の兆候」である。

ニクソン大統領と連邦議会によって設置された同委員会は、医師や研究者、社会学者、法律家など約80人のスタッフを雇い、約2年かけて大麻の有害性や健康影響について、人体実験を含む徹底的な調査を行った。その結果は、大麻は依存性が低く、使用による脳の障害は実証されず、大麻使用だけに起因する死亡事件は米国では1件もなく、他の薬物へ移行する傾向もみられなかったという内容だった。

また、相当量の大麻を1日数回、21日間与えて行った人体実験でも身体機能、運動機能への悪影響や、身体的依存、禁断症状などの兆候はみられなかったという。

同委員会はこれらの調査結果を踏まえて米国政府に対し、大麻を法律上麻薬扱いしないこと、大麻の所持・使用に刑事罰を科さないことなどを勧告した。つまり、カーター大統領はこの報告書の勧告を実行しようとしたのである。

結局、この提案は共和党保守派の強い反対もあって実現されなかったが、その後の米国内の州レベルの解禁の流れを作る大きな布石になったことはたしかである。

ちょうど同じ頃、日本では何が起きていたかというと、人気ミュージシャンの井上陽水氏が大麻取締法違反で逮捕され、大騒ぎになっていた（1977年9月）。各新聞には「フォークの星もマリファナ汚染」「フォーク歌手のナンバー1　井上陽水を逮捕」などの見出しが躍り、ワイドショーも「大麻に手を出した犯罪者」として、まるで「極悪人」のように扱って報道した。

それにしても有名人や一般人が少量の大麻を所持・使用しただけで逮捕され、法執行機関やマスコミによって極悪人のように扱われるのは、先進国では日本くらいではないだろうか。これにはメディアの責任も非常に大きいと思うが、この状況はあれから40年以上経《た》ったいまもほとんど変わっていない。

芸能人逮捕をめぐるメディア報道の問題点

2020年9月8日、俳優の伊勢谷友介《いせやゆうすけ》氏（当時44歳）は、東京都目黒区の自宅で乾燥大麻1袋（約7・8グラム）を所持していたとして、大麻取締法違反の疑いで逮捕された。翌日の新聞やワイドショーは大騒ぎとなり、一般紙までもが「伊勢谷友介容疑者逮捕　自宅で大麻所持の疑い」（読売）、「伊勢谷友介容疑者逮捕　大麻所持疑い」（朝日）などと報じた。

スポーツ紙は「伊勢谷友介容疑者逮捕　所属事務所が謝罪『深くお詫《わ》び　誠に遺憾』『事実関係を確認中』」（スポニチアネックス）という見出しで、伊勢谷氏が「弁護士さんが来てからお話ししたいと思います」と供述したことや、伊勢谷氏の事務所が公式サイトで、

「関係各所の皆様、ファンの皆様へ多大なる心配およびご迷惑をおかけしておりますことを、まずは深くお詫び申し上げます」と、謝罪したことなどを詳しく伝えた。

また、テレビのワイドショーは逮捕翌日の朝から多くの時間を割いて、「伊勢谷氏の名前は10年以上前から捜査線上に上がっていた」という芸能レポーターの話や、事件にまったく関係ない一般の人の「びっくりです」「そういう人にはみえなかった」など、いわゆる「街の声」を大きく報じた。

このような報道からは、伊勢谷氏がいかにも重大犯罪をおかしたかのような印象を植えつけようという思惑が透けてみえる。まさに「極悪人扱い」である。

一方で、少数ながら別の意見も出た。医師で医療用大麻の啓発活動をする一般社団法人「GREEN ZONE JAPAN」の代表理事を務める正高《まさたか》佑《ゆう》志《じ》氏は、「お医者さんが語る、伊勢谷友介さんを大麻で逮捕してはいけない理由」という記事をネットに掲載。そのなかで、大麻の非犯罪化を提案し、理由をこう説明した。

「2019年になって、国連は全会一致で薬物所持の非犯罪化を推奨する声明を出しました。〝非犯罪化〟とは合法化とは異なり、〝違法ではあるけれど逮捕はしない〟ということです。日本で言うなら、歩行者の信号無視や未成年の喫煙は、〝非犯罪化〟の例です。特に大麻に関しては、単純な所持で逮捕、投獄されるような国は先進国と呼ばれる国の中では珍しくなってきています」

正高氏が主張するように海外先進国の多くはすでに大麻の非犯罪化を実施し、少量の所持・使用に関しては逮捕せずに駐車違反の反則金程度で済ませている。日本ではなぜ、それができないのか。

日本ではこの種の意見がきちんと議論されることはなく、なかなか人々の間に広まっていかない。その原因のひとつは、大麻問題の本質や背景を掘り下げて報道しようとしないメディアの姿勢にあるのではないかと思われる。

大麻取締法違反で逮捕された芸能人は他にも元KAT-TUNの田口淳之介氏（２０１９年）や元女優の高樹沙耶《たかぎさや》氏（２０１６年）などがいるが、特に高樹沙耶氏の場合は医療用大麻の解禁を訴える活動をしていたことから、メディアは大騒ぎし、ひどいバッシングが行われた。

大麻の危険度はカフェインと同等程度

日本のメディアは、大麻など比較的害の少ない「ソフトドラッグ」と、覚せい剤やコカイン、ヘロインなど非常に危険な「ハードドラッグ」をひとまとめにして、同じように危険なものとして報じることが多い。しかし、大麻の危険度は、依存性や禁断症状などを含め、覚せい剤やコカインよりはるかに低いことは科学的によく知られた事実である。

たとえば、米国立薬物乱用研究所（ＮＩＤＡ）の臨床薬理学主任研究員を務めたジャック・ヘニングフィールド薬学博士が、一般的な薬物の危険度を比較調査したグラフがある。上からニコチン、ヘロイン、コカイン、アルコール、カフェイン、マリファナの順に、危険度が項目ごとに０～６の値で示されている（図表２参照）。

項目は依存性（乱用を繰り返した結果、止められない状態になること）、禁断症状（乱用を中断した時に出る悪寒、嘔吐《おうと》、妄想などの強烈な症状）、耐性（繰り返し使用することで抵抗性を持ち、薬物が効きにくくなる現象）、習慣性（依存度が高く、摂取することで習慣化する）、中毒性（酩酊《めいてい》と呼ばれる酔った状態になること）の５つである。

【図表2】一般的な薬物の危険度比較
(1994年8月2日付の「ニューヨークタイムズ」の記事より引用)

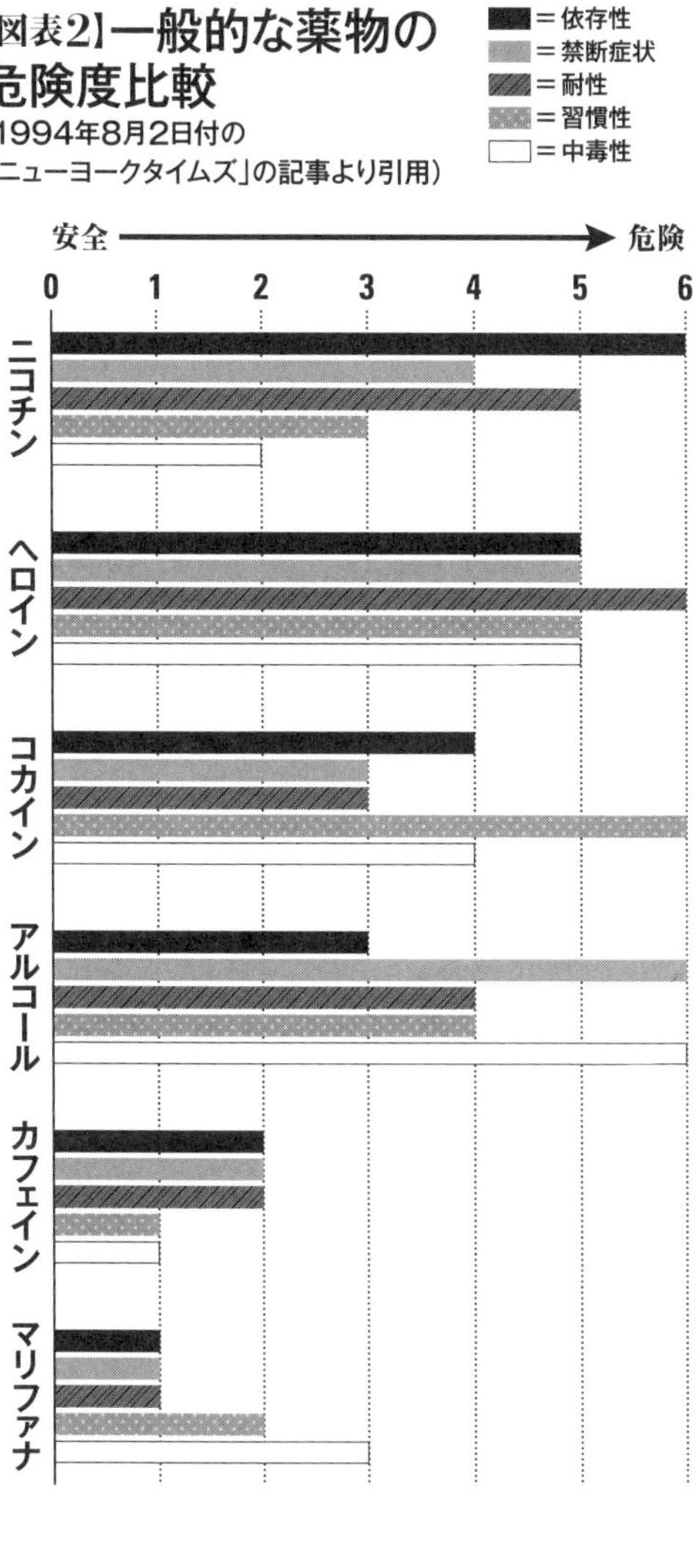

これをみると、マリファナはすべての点で、ヘロイン、コカイン、アルコールより安全であり、総合的な危険度はカフェインと同等程度ということになる。そして、すべての薬物のなかで最も危険度が高いのはヘロインだ。ヘロインは依存性や習慣性が高く、禁断症状も強烈なため、いったん依存するとなかなか止めることができず、過剰摂取による呼吸停止などで亡くなる人が多い。米国では年間6万〜7万人が薬物の過剰摂取で亡くなっているが、その原因の大部分をヘロイン、コカイン、オピオイド鎮痛薬（アヘン由来）が占めている。

その一方、前述の「マリファナおよび薬物乱用に関する全米委員会」の報告書でも示されたが、「大麻の過剰摂取が直接の原因で亡くなった人はいない」と言われるように、大麻の危険性はハードドラッグと比べてはるかに低い。

これらは世界的によく知られた事実だが、日本ではこの「常識」が無視され、大麻に関しては報道の自由が尊重されていないような状況になっている。それはなぜなのか。その背景には、厚生労働省が大麻の危険性を誇張するような情報を発信し続けていることがある。

厚生労働省の「ストップ大麻！」ポスターへの疑問

厚生労働省のホームページに掲載された「ストップ大麻！　大麻の使用は有害です！　大麻の不正栽培は犯罪です！」というポスターには、こう書かれている。

厚生労働省の「ストップ大麻！」ポスター

「身体に悪影響があります！　大麻の使用により、めまい・嘔吐・平衡感覚障害等がおこる恐れがあり、また長期使用は男性では精子異常、女性では月経異常・胎児への影響等が報告されており、身体に重大な影響を引きおこします」

「精神に悪影響があります！　大麻の使用により、錯乱、極度の不安・恐怖、衝動行動、また長期使用により、集中力・記憶力・認識能力の減退や人格障害などをおこすほか、依存性を引きおこす恐れがあります」

これらの情報のなかには、科学的に証明されていないものも含まれており、大麻の危険性がかなり誇張されている印象は否めない。

たとえば、「めまい・嘔吐・平衡感覚障害等がおこる恐れ」については、一部の人からそのような指摘は出ているようだが、大多数の大麻使用者がそう報告しているわけではないと思う。それとは逆に大麻には吐き気を抑える成分が含まれていることはよく知られており、実際に大麻由来の吐き気止めなどの治療薬が米国で承認され、使用されている（後述する）。

また、男性の精子異常については、たしかに大麻使用によって精子数の減少や運動性の低下などの悪影響を受ける可能性を示唆する研究はあるが、一方で、「まったく影響を受けない」とする研究結果も存在する。

カナダの医学専門誌『ブリティッシュ・コロンビア・メディカル・ジャーナル（ＢＣＭＪ）』は２０１９年９月、「大麻による女性と男性の生殖機能への影響」と題する報告書を発表。このなかで大麻使用と男性の精子の関連について、「いくつかの研究は大麻による影響を受けやすいことを示唆している」とする一方で、「まったく影響を受けない」とする複数の研究結果を紹介している。

「影響を受けない」とする結果のひとつは、1974年に発表された古い研究で、「大麻を21日間使用した男性の血漿《けつしょう》テストステロンを測定した結果、精子の形成を促すテストステロンのレベルに統計的に有意な変化は観察されなかった」というもの。

もうひとつは2019年の研究結果で、「不妊治療クリニックに通院している男性群の精液サンプルを分析した結果、大麻を吸ったことのあるグループと、吸ったことのないグループの両方とも精子濃度は正常範囲内で、かつ大麻使用は精子DNAの異常率とも関連していないことがわかった」というものだ。

つまり、BCMJの報告書を読む限り、大麻使用による精子への影響については、科学的にきちんと実証されているわけではないことがわかる。

車の運転と未成年者の使用は避けるべき

厚生労働省のポスターには精神への悪影響として、「極度の不安・恐怖」の原因になる、と書かれているが、そう言い切ることはできるのだろうか。というのは、大麻には人をリラックスさせる効果があることがよく知られているからだ。米国ではコロナ禍において、不安やストレスを和らげるために大麻を使用する人が増えていることは、「はじめに」で述べた。

それと、「長期使用により、集中力・記憶力・認識能力の減退や人格障害をおこす」などの脳への悪影響については、前述した「マリファナおよび薬物乱用に関する全米委員会」の報告書が「大麻の使用による脳の障害は実証されなかった」と結論づけている。

ただし、摂取直後の車の運転は避けた方がよさそうだ。大麻の脳への影響について研究している神経学者によると、大麻を使用すると脳の前頭葉（人間の行動を調整する機能を司《つかさど》る）が一時的に影響を受ける。その結果、車の運転中に周囲への注意が散漫になったり、アクセルやブレーキを踏むタイミングが遅れたりするので注意が必要だという。

しかし、だからといって大麻の使用を禁止すべきだということではなく、飲酒の場合と同様に、「大麻を摂取したら、その影響がおさまるまで運転しない」というルールを設ければよいだけの話だ。ちなみに米国で嗜好用大麻を合法化したカリフォルニア州やコロラド州などではこのルールを設けている。

もうひとつの懸念材料は、未成年者の大麻使用である。

脳の炎症を抑える治療法について研究しているオハイオ州立大学のゲアリー・ウェンク教授（神経科学）は、「子供の未発達の脳のなかに大麻の成分が入り込むと、損傷を受ける恐れがある」と述べているが、これに関しては多くの科学者の見解が一致している。

いずれにしても10代は脳が発達する重要な時期なので、大麻だけでなく、酒やたばこ、ハードドラッグなども使用すべきではないというのは当然である。この時期に薬物を使った人は学校の成績が良くなかったり、心理的な障害を抱えたりする可能性が高いとの調査結果も出ている。だからこそ、米国で嗜好用大麻を合法化した州でも、未成年者の使用を禁止している。このように成長期にある未成年者の脳への影響は懸念されるものの、健康な成人が少量の大麻を使用しても問題ないというのが、多くの科学者の見解である。

政府は大麻のリスクを誇張すべきではない！

厚生労働省のポスターは、依存性についても誇張しているように思える。

「大麻の使用により、（中略）依存性を引きおこす恐れがあります」と書かれているが、大麻の依存性は他の薬物と比較して低い、と指摘する専門家は少なくない。前述のヘニングフィールド博士の「一般的な薬物の危険度比較」でも、また「マリファナおよび薬物乱用に関する全米委員会」の報告書でも、大麻の依存性は比較的低いことが示されている。

薬物依存の研究をしているカリフォルニア大学バークレー校のアマンダ・レイマン博士（社会福祉学）は、私の取材に対してこう話した。

「私自身の研究調査の経験からいえば、大麻の依存性は他の薬物と比べて非常に軽く、おだやかです。禁断症状としては主に不眠、食欲不振などですが、一週間くらいすれば自然に消えてしまいます。ほとんどの大麻常用者は特に治療を受けなくても止めることができます」

レイマン博士は薬物依存の研究を進めるなかで、大麻が覚せい剤の依存症治療に役立つ可能性があることを示す調査結果を得たというが、その詳細については拙著『大麻解禁の真実』で説明しているので、興味のある方は参照いただきたい。考えてみれば、医療用大麻はさまざまな病気の治療に効果があることがわかっているので、覚せい剤依存症の治療にも役立つというのはまったく不思議ではない。

個々の薬物の危険性やメリットなど、その特性を理解することが本当に危険な薬物から身を守ることにもつながるのではないかと思う。年間6万〜7万人が薬物の過剰摂取で死亡している米国の悲惨な実態を取材して、私はその考えを強くした。このような状況の米国でも、「大麻の過剰摂取が直接の原因で死亡した例は報告されていない」というのは、大麻の危険性がヘロイン、コカイン、覚せい剤などと比較してかなり低いことを示している。

私が以前取材した米国の薬物治療専門医は、「政府は薬物政策を進める上で、大麻の健康リスクについて誇張するのではなく、本当のことを言うことが大切だ」と述べていた。その専門医とは、カリフォルニア州サンディエゴのカイザーパーマネンテ病院で急性薬物中毒の治療を行っているジェフ・ラポイント医師である。

ラポイント医師はその理由を、「政府が大麻について本当のことを言わないと、ハードドラッグの危険性をいくら強く説いても、人々が信用しなくなるからです」と説明した。

たとえば、10代の子供に大麻の危険性を「ハードドラッグと同様に危険だ」と言っても、彼らは友人に勧められたりして大麻を試し、それほど危険ではないことを経験してしまう。そうすると、「大人は大麻についてウソを言っているから、ハードドラッグについても大げさに言っているのだろう」と思い、コカインなどに手を出してしまったりする。だから、大麻について正確な情報を教えることが大切だというのである。

さらにラポイント医師は続けた。

「大麻はヘロインやコカインよりずっと安全な薬物です。私はハードドラッグを合法化するのは絶対に反対ですが、大麻なら合法化しても問題ないと思います」

「ただし、未成年者が使用すると脳に悪影響が出たり、大麻を吸って運転すると事故を起こしやすくなったりする可能性があるので、一定のルールを設けて使うようにしなければなりません」

ラポイント医師が働く救急治療室には毎日のように、コカインやヘロインなどの過剰摂取で、心臓や呼吸が停止しそうになった薬物中毒者が大勢運ばれてくるが、彼はそれを踏まえた上でこう力説した。

「ハードドラッグは非常に危険なので、絶対に手を出してはいけない。コカインやヘロインは過剰摂取すると、筋肉が破壊されたり、呼吸が止まったりして死に至るケースがあります。それを知らずに使用すれば、本当に死んでしまうかもしれないのです」

一方で、ラポイント医師は「大麻を吸っただけで急性中毒を起こし、運ばれてくる人はほとんどいない。大麻の過剰摂取が原因で命を落としたというケースは聞いたことがない」と話した。

WHOと国連が大麻規制の緩和を決定

厚生労働省のホームページにある「大麻に関する世界の状況」についても、いくつか気づいた点を指摘したい。

まずは、米国の「食品医薬品局（FDA）も医療用に用いる大麻を医薬品として認可していません」と書かれている点について。たしかにFDAは大麻そのものを医療用に用いることは認めていないが、大麻成分やその合成成分を原料とした医薬品は認可している。前者にはレノックス・ガストー症候群とドラベ症候群という難治性てんかんの治療薬「エピディオレックス（Epidiolex）」が、後者には抗がん剤治療の吐き気止めやエイズ患者の食欲不振・体重減少の治療薬「マリノール（Marinol）」と「セサメット（Cesamet）」がある。

ホームページの記述でもうひとつ、「国際条約上も大麻はヘロインと同様の最も厳しい規制がかけられています」とあるが、これに関しては最近、WHOと国連が大麻規制を緩和する決定を行っている。

この国際条約とは、1961年に締結された国連の「麻薬に関する単一条約（SCND＝Single Convention on Narcotic Drugs、以下、麻薬単一条約）」のことだが、たしかにこの条約では大麻は、ヘロインやオピオイドなどと一緒に「医療価値のない最も危険な薬物」として、「スケジュールⅣ」に分類されていた（同条約の規制レベルは危険性の高い順にスケジュールⅣ、Ⅰ、Ⅱ、Ⅲとなっている）。

しかし、WHOの薬物依存専門家委員会（ECDD）は2019年1月、大麻の有効性と安全性について再評価する審議を行い、「大麻および大麻樹脂を麻薬単一条約のスケジュールⅣから除外するべき」とする勧告案をまとめた。そうすれば、大麻の医療使用や研究調査が適切に認められるようになるからである。

ＥＣＤＤはこの勧告案を作成した理由として主にふたつをあげた。ひとつはＥＣＤＤに提出された大麻の研究調査や科学的エビデンスの多くが、スケジュールⅣに分類されたヘロインなどの他の薬物と同様の悪影響を起こしやすいことを示していないこと。ふたつ目は過去10年間に医療用大麻への関心が急速に高まるなかで、大麻がスケジュールⅣに分類されている結果、正当な医学的研究が妨害されていると懸念を表明する研究者が増えていることだという（Health Policy Watch、２０１９年2月7日）。

その一方で、ＷＨＯは大麻を同条約の規制から完全に除外することは求めず、以前から分類されていた「スケジュールⅠ」（同条約の薬物の危険性を示す4つの分類のなかで2番目に厳しい）にはそのまま残すべきであると主張した。その理由は、大麻由来の治療薬は疼痛《とうつう》、てんかんや多発性硬化症によるけいれんなどさまざまな症状の治療に可能性があることを示している一方で、大麻の長期使用によって引き起こされるかもしれない不安、うつ病など精神障害のリスクも懸念されるため、研究調査の妨げにならない程度の規制が必要であるというものだ。要するにＷＨＯは、大麻にも有害性はあるがそれは非常に高いものではないので、規制を緩和して医療使用を認めるべきとしたのである。

ＷＨＯのテドロス・アダノム事務局長は２０１９年１月、この勧告案を国連のアントニオ・グテーレス事務総長に送った。それを受けて53カ国で構成される国連麻薬委員会（ＵＮＣＮＤ）は、大麻および大麻樹脂を麻薬単一条約のスケジュールⅣから除外するかどうかの審議と採決を行う準備を始めた。当初は２０２０年３月に行われる予定だったが、加盟国間の調整などに時間を要するということで延期された。

そして２０２０年12月２日に採決が行われ、「大麻を最も危険な薬物の分類から除外すべき」というＷＨＯの勧告は賛成27、反対25、棄権１の僅差で承認された。米国、カナダ、ドイツなどが賛成票を投じたのに対し、中国、ロシア、日本などが反対に回った。賛成した国の多くはすでに医療用大麻を合法化しているが、ＷＨＯと国連が大麻の医療価値を認める決定をしたことで、これらの国々は合法化のお墨付きを得た形となった。これは今後、世界の合法大麻市場に大きな影響を与える可能性がある。

この決定は、はたして日本の大麻政策にも影響を与えるのだろうか。

厚労省の担当者に尋ねると、「スケジュールⅠの規制はそのまま残されていますし、いまのところ、法改正を含め変更する予定はありません」（医薬・生活衛生局監視指導・麻薬対策課）という回答だった。ただ、「国際条約上も大麻はヘロインと同様の最も厳しい規制がかけられていますます」という記述については、「見直さなければならないと思います」と述べた。

大麻取締法の第四条は、大麻由来の医薬品を含めて大麻の使用を禁止しているため、患者に医療使用を認めるためには法律の改正が必要となる。日本の政府が大麻取締法をどうすべきかについては終章で改めて論じるが、まずは国民やメディア関係者はこの法律がいつ、どのような経緯で作られたのかをよく知った上で、このまま存続させるのか、あるいは改正・廃止するのかを真剣に考えるべきではないかと思う。

GHQの指示で作られた「大麻取締法」

厳罰主義の大麻取締法は、終戦後の1948年に、連合国軍最高司令官総司令部（GHQ）の指示によって制定された。つまり、科学的根拠に基づき、日本政府が独自に判断して大麻を禁止したのではないということだ。実は戦前の日本では、「カンナビス・サティバ・エル」と呼ばれる大麻の栽培、所持、使用を禁止する法律は存在しなかったので、農家は自由に大麻を栽培していた。

大麻は産業用として使い道が広く、葉や茎の部分からは麻繊維が、実の部分からは油がそれぞれ取れ、芯の部分は建築材料に使える。また、大麻草は成長が早くて害虫にも強く、栽培の手間がかからないこともあり、重宝されていた。さらに大麻は胃腸や喘息《ぜんそく》の薬としても効果があることがわかり、医療用にも使われていたという。

加えて重要な点は、大麻は日本の文化・伝統と深く結びついていたことだ。昔は天皇が行う毎年の新年行事に麻の衣装が使われ、伊勢神宮で使われたお札は麻紙で作られていたと言われている。『広辞苑』（第七版）によると、伊勢神宮には「大麻および暦の作製・配布など神官の付属事務所をつかさどった役所（神宮神部署）」が存在したが、一九四六年に廃止されたという。

このように重宝され、日本の文化や日本人のアイデンティティとも深く結びついていた大麻をＧＨＱはいきなり禁止したのである。

当時の日本政府の担当者も、ＧＨＱから大麻取締法を作るように指令がきた時は、「驚いた」と正直に述べている。

「終戦後、わが国が占領下に置かれている当時、占領軍当局の指示で、大麻の栽培を制限するための法律を作れといわれたときは、私どもは、正直のところ異様な感じを受けたのである。先方は、黒人の兵隊などが大麻から作った麻薬を好むので、ということであったが、私どもはなにかのまちがいではないかとすら思ったものである」（『時の法令』第５３０号、１９６５年4月13日）

大麻栽培の一括禁止を求める米国側に対し、日本政府は農林省（現・農林水産省）の官僚などが中心となって抵抗を試みた。なぜなら当時は多くの農家が大麻を栽培していて、一括して禁止すると、農家に多大な影響が出ることが予想されたからである。

そして最終的に一括禁止ではなく、大麻の使用目的を学術研究あるいは繊維・種子を取ることに限定し、大麻を栽培したい人には各都道府県知事が「大麻取扱者」の免許を与えるという形で部分的に栽培を認めることとした。当時の日本では大麻を栽培している農家は多かったものの、ハイになる（高揚感を得る）ために大麻を吸っている人はほとんどいなかったということで、米国側も譲歩し、日本側の主張を認めたようだ。

その結果、いちおう制度的には大麻を栽培したい農家はそれが可能となった。しかし、大麻取扱者の免許を得るためには面倒な手続きがあり（しかも毎年更新が必要）、また栽培にあたっては葉っぱをすべて廃棄しなければならないなどの厳しい規制もあり、以前と同じというわけにはいかなかった。

大麻取扱者の免許を取得した人の数は、大麻取締法が施行されて6年後の1954年には約3万7000人いたが、それが2016年にはわずか37人、1000分の1にまで減ってしまった。それに伴い、栽培面積も1952年の約5000ヘクタールから2016年には約8ヘクタールと約600分の1となった。日本全国の栽培面積を合わせても8ヘクタールしかないということは、繊維や建材などの産業用途のためというよりも、地域で麻を使った伝統工芸を維持するのが主な目的となってしまったのだろう。

このままでは日本の大麻（ヘンプ）栽培は衰退し、絶滅してしまう恐れがあるが、一方で日本には10万ヘクタール近い遊休農地が存在する。実際、ヘンプを栽培したいと考える農家は少なくないようだし（特に北海道などで）、政府が大麻取締法を改正するなどして規制を取り払い、栽培しやすくすれば、ヘンプ農家が増え、何万ヘクタールもの農地にヘンプが栽培される日が来るかもしれない。ヘンプは日本の農業を再生させる可能性を秘めていると思われるが、それについては後ほど論じることにしよう。

産業界の圧力と政治的な思惑で禁止した米国

それにしても、米国はなぜ日本に対し、大麻を禁止するように指示したのだろうか。理由は簡単で、米国内で禁止していたからだ。しかし、実は米国でも1937年に「マリファナ課税法（MTA＝Marijuana Tax Act）」が制定されるまで、大麻はさまざまな目的で広く使用されていた。MTAは大麻の取引を登録制にして手続きを煩雑にし、法外に高い税金を課すことによって大麻の販売を禁止しようとした、実質的な「連邦大麻禁止法」だが、なぜ重税をかけようとしたのか。

その理由は後述するが、連邦政府は当時、大麻を法律で禁止するために必要な、説得力のある科学的証拠を提示できなかった。大麻の有害性・危険性を示す証拠が十分に示されないまま、連邦議会にMTA法案が提出されたため、米国医師会（AMA）など医療関係者は強く反対した。

ＡＭＡの代表は連邦議会の公聴会で、「医療目的の大麻使用が乱用につながるという科学的な証拠はない。医療用大麻を合法的に使えるようにしておくことは、患者の権利として非常に重要である」と証言し、また、一部の医師たちは「依存性が低く、大きな治療効果が期待できる大麻の使用を禁止することで、人々の受ける損失は計り知れない」との抗議文を政府に送ったという。

さらに産業用大麻（ヘンプ）の生産者も成長が早くて手間がかからず、用途が広い大麻の栽培を禁止する法律の制定に対し、強く反対した。それもそのはずで、米国では１６００年代から１８００年代にかけて、大麻はずっと主要農作物だったのだ。合衆国初代大統領のジョージ・ワシントンや第3代大統領のトーマス・ジェファーソンが自らの農場で大麻を栽培していたのは有名な話である。

このように広く普及していた大麻を、当時の連邦政府はなぜ禁止しようとしたのか。その背景にはいくつかの理由が指摘されている。

ひとつは、連邦捜査官の再就職支援の一環ではなかったかというものである。１９３３

年に禁酒法が廃止され、それまで酒の取締りをしていた連邦捜査官が失業のリスクにさらされたため、彼らに「大麻の取締り」という新たな仕事を提供する必要があったのではないかということだ（禁酒法は消費のための酒の製造・販売・輸送を全面的に禁止した法律で、1920年から1933年まで施行された）。

ふたつ目は当時、警察などの法執行機関のなかに広がっていたメキシコ系移民や黒人に対する人種差別と憎悪である。米国では1800年代に産業用大麻が広く栽培されていたが、1900年代に入ると、精神活性作用の強い嗜好用大麻（マリファナ）がメキシコ人によって大量にテキサス州の国境地帯に持ち込まれ、小包郵便などで他の州にも送られた。その結果、テキサス州の警官はこの状況を忌々《いまいま》しく思い、メキシコ系移民に対して激しい怒りや嫌悪感を抱くようになった。この人種偏見が法執行機関関係者の間に広がり、マリファナ課税法の制定につながったのではないかとの指摘である。

3つ目は、当時大麻産業と競合関係にあった石油産業や化学繊維産業が、前述のふたつの理由から大麻を禁止しようと考えていた米国政府の一部（連邦麻薬局など）と協力して、大麻を排除しようとしたのではないかということだ。

石油・化学繊維業界が大麻を恐れた理由

環境学的な見地と医学的な視点から、大麻草の歴史を紐解《ひもと》いたジャック・ヘラー氏の著書『大麻草と文明』（原題：*The Emperor Wears No Clothes*）によれば、１９２０年代、石油王だったスタンダードオイル社のロックフェラー家やロイヤル・ダッチ・シェル社のロスチャイルド家は、安価で環境にやさしいメタノール燃料を生み出す大麻草に対し危機感を覚えた。

そしてこれらの企業は、大麻を禁止しようと躍起になっていた連邦麻薬局（ＦＢＮ＝Federal Bureau of Narcotics、連邦麻薬取締局＝ＤＥＡの前身）のハリー・アンスリンガー長官や、煽情《せんじょう》的な報道を売り物としていた「イエロージャーナリズム」で知られるウィリアム・ランドルフ・ハーストの新聞などと協力して、大麻を排除しようとしたのではないかというのだ。

良質の燃料と繊維が取れるだけでなく、医薬品としても優れた効能を備えている大麻はエネルギーとしての石油と、石油から作る医薬品の強力なライバルとなるので、石油産業が大麻を恐れたのは当然とも言える。石油から薬が作られるというのは驚きだが、実は医薬品は石油化学に依存している。たとえば、安全で効果的な薬とされるアスピリンや抗生物質のペニシリンなどは、石油から作られた原料を人工的に合成して作られているのである。

石油産業に加え、当時、「ナイロン」などの合成繊維の開発に着手し、化学繊維業界の最大手を目指していたデュポン社にとっても、良質の天然繊維が取れる大麻は脅威だった。デュポン社は石油産業と同じように大麻産業を排除するためのメディアキャンペーンを後押しした。

さらにデュポン社は大麻（ヘンプ）素材を使った自動車の開発に着手していたフォード・モーター（以下、フォード）に対抗するべく、ライバル企業のゼネラルモーターズ（以下、GM）の経営権を握るための出資を行った。1914年のことだが、当時、フォードは低価格の量産大衆車「Tモデル（通称、T型フォード）」を開発・販売し、自動車市場で圧倒的なシェアを誇っていた。そこでデュポン社の社長を務めていたピエール・デュポンは1920年にGMの社長に就任し、消費者の新たな嗜好に合わせた新製品の開発に力を入れ、経営の立て直しを図った。

GMの戦略は成功した。その結果、フォードは市場シェアをかなり奪われたが、大麻素材を使った車の開発は継続した。それが実を結び、フォードは1941年に大麻の天然繊維などを混合して作った車体の試作車を完成させた……のだが、その時すでに前述のマリファナ課税法が制定され、大麻の使用が事実上禁止されていたため、それを実用化して販売することはできなかった。

そしてデュポン社と石油産業がともに後押しした、ハーストの新聞などによる「反マリファナキャンペーン」もすさまじかった。実はハーストの新聞は、それよりずっと前から大麻産業を排除するためのネガティブ報道を行っていた。

ヘラー氏の著書によれば、ハーストの新聞は1898年に米国とスペイン帝国の間で起きた米西戦争をきっかけに、スペイン人やメキシコ系アメリカ人、ラテン系の人々を迫害し、罵詈《ばり》雑言を浴びせるようになったという。

「それからの30年の間、ハーストはメキシコ人が怠け者のマリファナ喫煙者である、という狡猾《こうかつ》な偏見をアメリカ人に植え付けようとした」「1910年から1920年までの間、ハーストの新聞社は、黒人男性が白人女性を強姦《ごうかん》したとされる事件の大多数は、コカイン使用に直接結びつけられると独断した。このような報道が10年間ほど続いた後、ハーストは『コカインに溺れた黒人』ではなく、『マリファナに溺れた黒人』が白人女性をレイプしていると考えを改めた」（『大麻草と文明』J・エリック・イングリング訳、築地書館）

さらにヘラー氏の記述はこう続く。

「ハーストや他のセンセーショナルなタブロイド判新聞では、ヒステリックな見出しで『黒ん坊』や『メキシカン』が乱舞し、マリファナの影響下で、反白人音楽（ブードゥー・悪魔教音楽＝ジャズ）の演奏に興じるとして、黒人やメキシコ人に対して無礼千万な記事を載せ、新聞読者層の主流である白人にこのような差別思想を訴えかけた」（同前）

このようにハーストの新聞などは事実無根の情報をもとに大麻の危険性を誇張し、大麻を禁止するための「世論形成」を行った。加えてこれに呼応する形で、１９３１年に連邦麻薬局長官に就任したアンスリンガーが、連邦議会で大麻を実質的に禁止する法律（マリファナ課税法）の法案を成立させるための準備を着々と進めたのである。

アンスリンガー長官は議会下院に「マリファナは人類史上最も凶暴性をもたらす麻薬で

ある」とする報告書を提出したが、ヘラー氏によれば、その内容は主に大麻を一方的に攻撃したハーストの新聞の記事の切り抜きなどで作られていたそうだ。

こうしてみると、米国政府は科学的根拠に基づいてではなく、石油産業や化学繊維産業などの要望・圧力や、政治的な思惑で大麻を禁止したことがよくわかる。しかし、実は、これまでに世界で大麻が禁止されてきた歴史をみると、他の国でも似たような事情、権力者側の勝手な都合で禁止されてきたのである。

支配者側の都合で禁止されてきた世界の大麻

世界の大麻の歴史に詳しいコンコルディア大学法科大学院のライアン・ストア准教授が書いたレポート、「世界の対大麻戦争の簡潔な歴史」（MITプレス）を参考にしながら、世界の大麻禁止の歴史をたどってみたいと思う。

まず注目すべきは、多くの国や地域の支配者たちは自らの勝手な都合で、時には人種差別や宗教差別なども利用しながら、「大麻は社会的な脅威である」と決めつけ、禁止してきたということだ。

たとえば、かなり古い話だが、西暦7世紀頃、イスラム教の支配層は特に根拠もなく、「勤勉な労働者が大麻を使用すると、社会に混乱をもたらすことになる」と考え、禁止するように求めた。その結果、多くのイスラム教関係の組織や団体が大麻の栽培・使用を禁止したという。

大麻を社会の秩序に対する脅威とみなした宗教は、イスラム教だけではなかった。カトリック教会の最高位聖職者であるローマ教皇イノケンティウス8世は、1484年に即位した直後、大麻を禁止することを決めた。当時、欧州の多くの国では、医療用や高揚感を得る目的で大麻が使用されていたが、栽培していたのは主に異教徒たちだった。その結果、彼らは「魔女」「魔術師」などと呼ばれて差別・偏見を受け、迫害された。

そのような状況のなかで、イノケンティウス8世は大麻を「悪魔のミサの不聖な秘跡(キリスト教の神秘を目にみえる形で顕在化する特別な儀礼)である」と攻撃して、大麻を栽培した異教徒たちを投獄、流刑または死刑などにして厳しく罰したという。

さらに16世紀から19世紀にかけて「植民地帝国」として栄えたスペインやポルトガルも支配者側の都合で、植民地の大麻の栽培・使用を禁止した。

スペインは植民地支配していた南北アメリカ大陸でヘンプの栽培を奨励していたが、マリファナに対しては懐疑的だった。特にメキシコの先住民がマリファナを使用しているのを懸念し、１５５０年にメキシコに対し、大麻の栽培を制限する命令を出した。

同様にポルトガルも植民地でのヘンプ栽培を奨励していたが、現地の労働者がマリファナを使用するのを懸念し、ザンビアやアンゴラなどアフリカの植民地の多くで、大麻禁止法を制定した。

ただ、ポルトガルの場合は、ブラジルに対しては大麻の栽培を容認していた。なぜか。その大きな理由として指摘されているのは、ポルトガルがフランスのナポレオン軍と戦争していた時（１８０７〜１８１４年）、女王マリア１世が宮廷をブラジルへ移転したが、なんと彼女自身が現地で大麻を使用していたからだという。

しかも驚いたことに、当時ブラジルで栽培されていた大麻は、もともとポルトガル商人がブラジルへ連れてきた奴隷の服に縫いつけられていた種子が地面に落ちて発芽したもので、それがブラジルの沿岸部から内陸のアマゾン地域まで広がったのだという。植民地の大麻の栽培・使用を禁止するのも容認するのも、支配国の勝手な都合で行われるということをよく示している。

最後に、イギリスが植民地支配していたインドでの大麻禁止をめぐる対応はこれまでのケースと異なる。１７００年代後半、イギリス政府は大麻の使用が社会不安を引き起こすのではないかと懸念し、インドで大麻禁止法を制定することを検討した。ところが、イギリスの議会は異なる考えを持っていた。当時のイギリスは財政難を抱えていたことから、インドでの大麻栽培は税収を増やす機会になるのではないかと考えたのだ。

そして１７９０年に大麻の生産者と販売業者にライセンスを発行して課税する新たな枠組みを作った。この制度はうまく機能したが、しばらくすると、広大な農地で大量に大麻を栽培する農家の一部が税を免れようとした。そこで、イギリス政府はインド国内での地方分権化を進め、各々の州や市に課税の責任を負わせるようにした。このようにしてイギリス政府はインドでの大麻を禁止することなく、逆に大麻の栽培と販売に課税して税収を得ることができたのである。この方法は今日の世界的な大麻解禁の動きとも共通する点があり（禁止するよりも合法化して税収を得る）、興味深い。

いま解禁が進む背景に何があるのか

こうして世界の歴史を振り返ってみると、イギリスのケースを除き、大麻禁止はつねに支配者側の都合によって、国民や奴隷など被支配層に押しつける形で行われてきたことがわかる。

ストア准教授によれば、その理由は主に大麻の特性にあるという。つまり、支配者層は人に高揚感や解放感を与える大麻の精神活性作用が、社会の秩序や宗教的な規律などに悪影響や混乱をもたらすのではないかと恐れ、禁止したのではないかということだ。

合法大麻産業の将来について予測・分析した本『クラフト・ウィード：大麻農家と大麻産業の将来』の著者でもあるストア准教授は、このレポートの最後にこう述べている。

「支配層はいつも予測可能な方法で、大麻を禁止しようとする。欧州の禁酒運動家がフランスやイギリスで行ったように、彼らは大麻草を暴力、堕落および他の危険な薬物と関連づけるためにレトリックを多用する。そして武力を使って大麻草を排除し、農民を迫害し、次の世代の人たちに大麻の栽培を思《おも》い止《とど》まらせようとするのです。オスマン帝国がエジプトでそうしたように。それから大麻使用者を宗教的過激派か、あるいは危険な少数民族として描写する。ローマ教皇イノケンティウス8世が欧州で、スンニ派イスラム教徒が中東で、南アフリカの白人が南アフリカでそうしたように……」

米国でも1937年にマリファナ課税法が制定される前には、タブロイド紙のハーストの新聞や連邦麻薬局のアンスリンガー長官などによって、大麻の危険性を誇張する激しいネガティブ・キャンペーンが展開された。ストア准教授流に考えれば、これは大麻を禁止しようとする人たちの常套《じょうとう》手段ということになる。

しかし、「はじめに」でも述べたように、この数十年で世界の大麻をめぐる状況は大きく変わった。2021年6月現在、世界196カ国の4分の1近くにあたる47カ国で医療用大麻が合法化され、嗜好用も2カ国で合法化されている。そして米国でも州レベルの合法化がどんどん進んでいるが、その背景には何があるのか。

有力紙の「ニューヨークタイムズ」は2014年7月27日、「大麻禁止法を再び廃止せよ」と題する社説を掲載し、主な理由として3つあげた。

ひとつは健康への害が少ないことだ。同紙は、「大麻の健康影響について、科学者の間で率直な議論が行われているが、我々編集委員会は大麻の中毒性、依存性を含め、アルコールやたばこと比べても大きな問題はなく、健康な成人が少量の大麻を使用しても問題ないと考えている」と主張した。

ふたつ目は、大麻解禁を求める米国内の世論の高まりである。この社説を掲載した時点で、23州が医療用を、4州が嗜好用を合法化し、加えて18州が嗜好用を非犯罪化していた。つまり、全米の4分の3にあたる37州はすでに医療用の合法化か、あるいは嗜好用の合法化・非犯罪化を行い、大麻の個人使用を容認する政策をとっていたということだ。人口比でみると、これらの州に住む米国人は全体の約75％を占めるという。世論がこれだけ解禁を求めているなかで、薬物規制法（マリファナ課税法廃止後に制定された、大麻禁止に関わる法律。詳しくは第2章で述べる）を存続させる意味があるのかと疑問を呈したのである。

3つ目は、薬物規制法によって生じる社会的損失である。米国では年間約66万人（2012年）が大麻関連で逮捕されているが、逮捕者は若い黒人に偏っていて人種差別的であり、彼らの人生を台無しにして結果的に次世代の犯罪者を生み出しており、規制法による弊害が大き過ぎるということだ。

このように米国内で一定の影響力を持つ「ニューヨークタイムズ」が、薬物規制法の問題点を的確に指摘し、政府に廃止を求めたことは、その後の大麻解禁の流れを加速させることにつながったのではないかと思われる。

そもそも米国政府が大麻を禁止する法律を制定したのは科学的な根拠とは無関係で、産業界の圧力と政治的な思惑によるものだったことは既述したが、同紙はその欺瞞《ぎまん》を明らかにして、政府に正しい判断を行うように求めたのである。

それでは、米国政府の勝手な都合で大麻取締法の制定を指示された日本は、これからどうすべきなのか。

考えてみれば、戦後の占領政策の一環としてGHQから押しつけられた大麻取締法は、「戦後体制の遺産」とも言うべきものである。世界的に大麻解禁が進むなかで、日本は独自の政策を打ち出すべき時にきているのではないだろうか。日本政府は大麻取締法を存続させるのか、それとも改正・廃止するのかの決断をそう遠くない将来に迫られることになると思われるが、それについては終章で改めて論じることにしよう。

第2章

米国、カナダで急拡大する「合法大麻」市場

米国の大麻販売店「BPG」

世界的に大麻解禁が進むなか、嗜好用、医療用、産業用を含めた合法大麻市場は急拡大しているが、その先頭に立って牽引《けんいん》しているのが米国とカナダである。米国は連邦法では禁止されたままだが、州レベルでは2021年6月現在、医療用は36州で、嗜好用は18州で合法化されている（76～77ページの図表3参照）。特に米国最大かつ世界5位の経済力を誇るカリフォルニア州で嗜好用が合法化されたことは、米国経済に大きな影響を与えている。また、「G7」主要先進国のなかで唯一、医療用と嗜好用を全面解禁したカナダでは、多くの大麻関連企業が株式市場に上場し、大麻産業に莫大《ばくだい》な資金が流れ込んでいる。

米国最大の経済力を持つカリフォルニア州で全面解禁

カリフォルニア州は1996年に米国で初めて医療用大麻を合法化し、他の州に先駆けて大麻の栽培・加工・流通・販売のインフラ（基盤）を作った。患者は担当医師から処方箋を受け取り、それを「ディスペンサリー」と呼ばれる医療用大麻専門の販売店へ持って行き、製品を購入するシステムである。

その後、カリフォルニア州は2016年11月に嗜好用大麻を合法化したことで（施行は2018年1月）、医療用を専門に扱っていた大麻販売店の多くは、同時に嗜好用も扱うようになった。

たとえば、カリフォルニア州バークレーで20年以上医療用を専門に販売してきた「バークレー・ペイシャント・グループ（ＢＰＧ）」では、嗜好用が合法化された後は売り場を「Medical Use（医療用）」と「Recreational Use（嗜好用）」のカウンターに分けて対応している。

医療用は患者であることを示すＩＤカードを提示すれば、売上税（7・25％）は免除される仕組みだ。医療用の顧客は個々の病状を店のスタッフに説明し、それに合った最適な大麻製品を選んでもらう。この場合、精神活性作用のあるＴＨＣ（テトラヒドロカンナビノール）と、抗炎症作用・抗不安作用・鎮痛作用など医療効果のあるＣＢＤ（カンナビジオール）の成分がどのくらい含まれているのかを知ることが大切だという。

大麻製品には乾燥大麻の他、チンキ剤、スキンクリーム、鎮痛・消炎パッチ（貼付剤）、

【図表3】米国の州レベルの大麻合法化状況
［医療用36州、嗜好用18州］（2021年6月現在）
（National Conference of
State Legislaturesなどのデータをもとに作成）

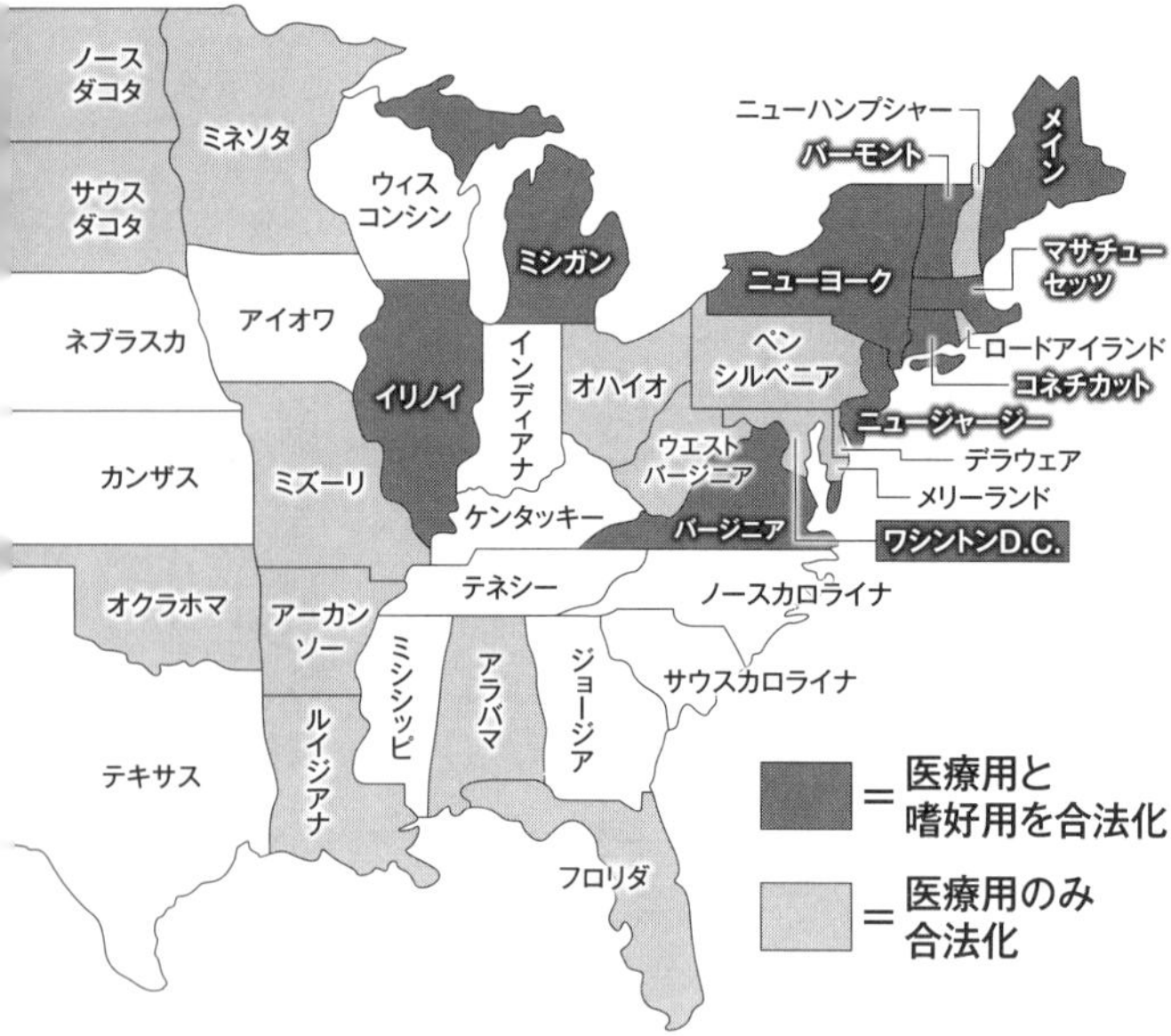

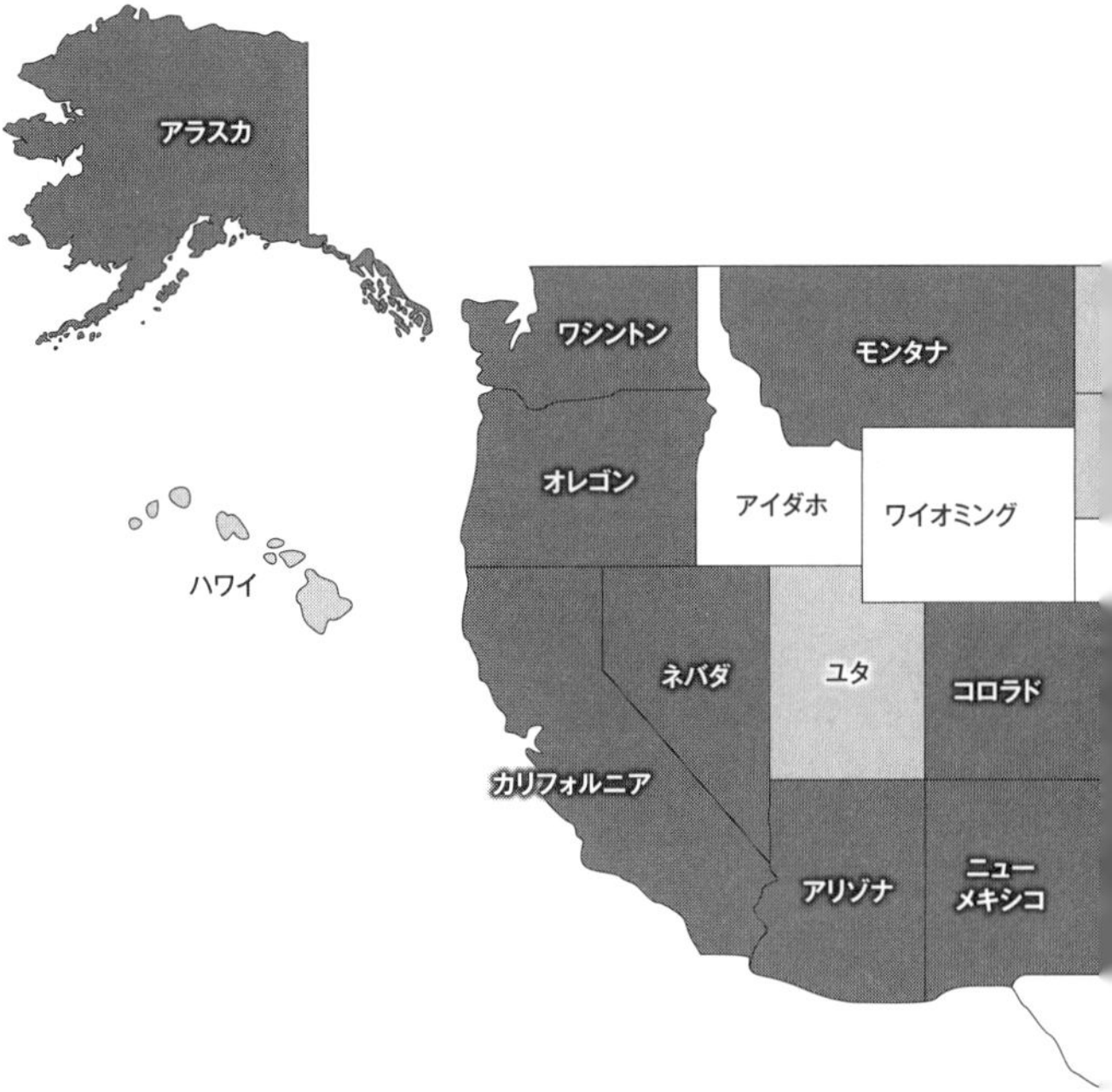

医療用と嗜好用が合法化された18州とワシントンD.C.

アラスカ、カリフォルニア、オレゴン、ワシントン、ネバダ、アリゾナ、モンタナ、コロラド、イリノイ、ミシガン、バーモント、ニューメキシコ、バージニア、ニューヨーク、マサチューセッツ、ニュージャージー、メイン、コネチカット、ワシントンD.C.

医療用のみ合法化された18州

ハワイ、ユタ、オクラホマ、ノースダコタ、ミネソタ、アーカンソー、ルイジアナ、ミズーリ、オハイオ、ウェストバージニア、ペンシルベニア、ニューハンプシャー、アラバマ、サウスダコタ、フロリダ、ロードアイランド、メリーランド、デラウェア

ＢＰＧの店内では嗜好用と医療用の顧客が分かれて並ぶ

グミ、クッキー、飲料などさまざまなものがあるので、個々の摂取方法や効果持続時間などを含めた特徴をよく理解した上で選ぶようにするとよいと、店のスタッフが教えてくれた。

　こうして大麻販売店の多くは医療用と嗜好用の両方の製品を扱うことで、いままで以上の賑《にぎ》わいをみせるようになった。カリフォルニア州では嗜好用大麻が合法化されたことで、合法市場の売上が一気に増えて、闇市場は大きな打撃を受けるのではないかと思われたが、実際はそうならなかった。それはなぜか。

　大麻ビジネスを専門とした情報調査会社「ニュー・フロンティア・データ（ＮＦＤ）」

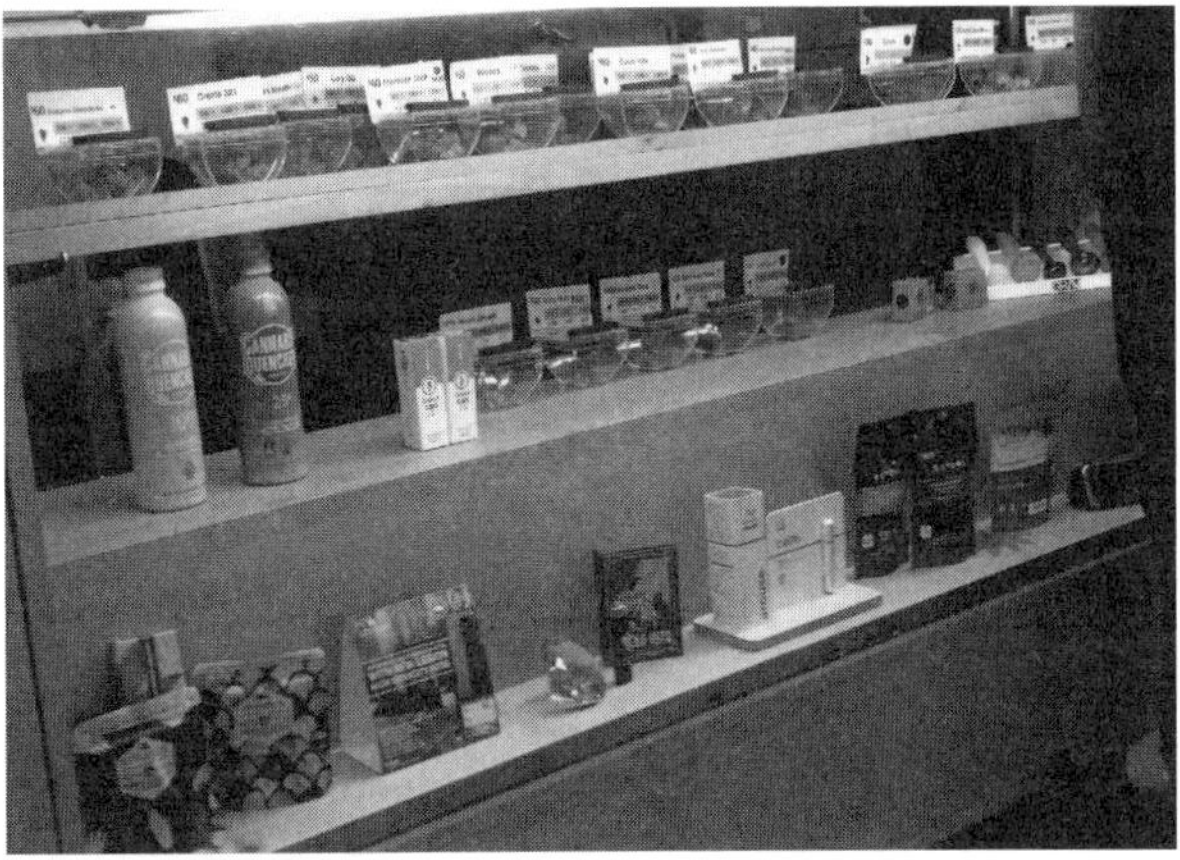

棚に並べられたチンキ剤、グミ、消炎パッチなどの大麻製品

の分析調査をみても、カリフォルニア州で嗜好用の販売が開始された2018年の合法大麻の売上は、嗜好用と医療用を合わせて19億ドル（約2014億円）と予測され、医療用だけを販売していた2017年の25億ドル（約2650億円）よりも減少していることがわかる（81ページの図表4参照）。

これは一体どういうことなのか。いくつか理由が考えられるが、第一に、合法化によって高い税金が課せられるようになったことだ。医療用大麻に関しては顧客が患者ということもあり、売上税が免除されるなどして税率は比較的低く抑えられた。しかし、嗜好用大麻は酒やたばこと同じ嗜好品として扱われるため、高い税金が課せられる。その結果、嗜好用大麻の価格が上昇し、一部の顧客が価格の安い闇市場に移ってしまったりして、合法市場の売上は期待したほど増えなかった。そして闇市場は打撃を受けるどころか、逆に活気づいてしまった。

ふたつ目の理由は、規制の強化による影響である。医療用大麻だけが合法化されていた時は、大麻の栽培や製品の品質などに関する検査はそれほど厳しく行われていなかった。ところが、嗜好用大麻の合法化に合わせて、カリフォルニア州政府は、嗜好用と医療用を含めたすべての大麻ビジネスを管理するために新たな部署「大麻管理局（BCC＝Bureau of Cannabis Control）」を設置し、農業食品局（CDFA）、公衆衛生局（CDPH）、地域水質管理委員会（RWQCB）など他の州政府機関とも連携して、大麻の栽培に関する土壌・農薬・水質から製品の品質管理までの検査を行うことにした。

検査は非常に厳しく、たとえば、大麻入りのグミ、チョコレートなどにはTHCの含有量が1粒あたり10ミリグラム、1袋あたり100ミリグラムを超えてはならないとの規制

【図表4】カリフォルニア州の合法大麻の売上実績・予測：医療用と嗜好用
（NFDが2018年5月に作成）

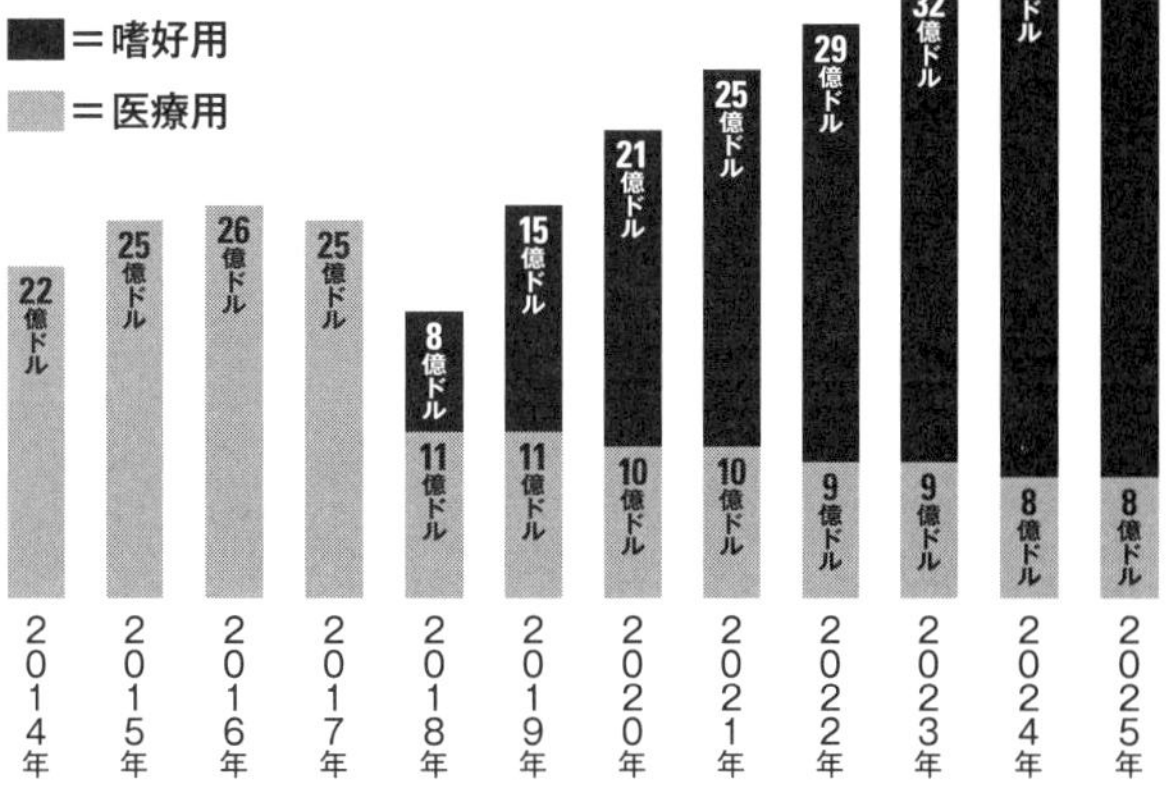

があり、少しでも基準値を超えると、検査をパスできない。最悪、製品をすべて廃棄しなければならないケースもあるという。

検査にはかなりの時間がかかるため、嗜好用大麻の販売が始まった２０１８年1月からしばらくの間、供給が需要に追いつかない状態が続き、売上増加につながらなかった。２０２０年くらいになってようやく検査はスムーズに行われるようになり、ＮＦＤの分析調査でも、２０２０年の売上は31億ドル（約３２８６億円）と、前年の26億ドル（約２７５６億円）を大幅に上回るとの予測が出た。

合法市場を確立するための「生みの苦しみ」

それから、合法大麻は、嗜好用には通常、物品税と売上税（カリフォルニア州は7・25％）などを含め、平均40～50％くらいの税金がかかるという（医療用は売上税免除）。大麻事業者にとってこの負担は大きいが、合法的にビジネスを行うために必要なコストなので仕方ない。

一方、闇市場の業者は、規制や検査を受けることも税金を払うこともないが、警察に逮捕されるリスクがある。彼らはそのリスクを負いながら、税金を払わない分、価格を安くして合法市場との競争を有利に進めているのだ。

消費者にとっては、価格は高くても安全で安心できる大麻製品を買うか、問題があっても価格の安いものにするかという選択となる。

この場合、違法な大麻製品を使用した場合のリスクがどのくらいなのかを知っておくことが大切だが、ある調査では、闇市場で売られている大麻の約80％は殺虫剤など農薬が含まれていたりして、安全基準が満たされていないことがわかったという。なかには、闇市場の大麻を使用して、救急治療室に運ばれた人もいるそうだ。

こう考えると、合法大麻市場で実施されている規制や品質検査などがもっと多くの人に周知され、消費者の安全意識が高まってくれれば、闇市場から合法市場にシフトする人が増えるのではないかと思われる。

変化はすでに始まっているようだ。前出のNFDが米国24州の合法大麻市場の売上高を分析した調査では、2020年4月と5月の一人あたりの月平均消費支出額が、それぞれ290ドル（約3万740円）と296ドル（約3万1376円）で過去最高を記録した。その背景には新型コロナの感染拡大の影響で消費者の安全意識が高まり、闇市場の売上が減って、逆に合法市場の売上が増えたことがあったという。それに加えて、「はじめに」でも述べたが、コロナ禍では心身をリラックスさせ、人々の不安やストレスを減らしてくれる大麻の効果が改めて見直されたことも売上の増加につながった。

カリフォルニア州の合法大麻市場はいま、嗜好用大麻の合法化で新たに設けられた規制や高い税金などのハンディ（不利な条件）を負いながら、違法業者との競争に悪戦苦闘している状況だ。しかし、よく考えてみれば、これは長い間維持されてきた闇市場を根絶し、新たに合法市場を確立するための「生みの苦しみ」とも言えるかもしれない。

大麻の歴史とビジネス環境に詳しいクリス・コンラッド氏は、「カリフォルニア州政府は合法大麻産業の〝生みの苦しみ〟を和らげるためにできるだけのことをするべきだ」と主張する。

「合法市場の確立はこれから何年、何十年もかかる長期プロジェクトです。でも、大麻ビジネスの事業者にとっては、いま必要な経費や税金を払い、利益をあげなければ事業を続けていくことはできない。ですから、彼らがビジネスをやりやすいように規制を緩和し、手続きを簡略化する必要があると思います」

コンラッド氏は緩和すべき規制の具体例をいくつかあげている。

ひとつは、大麻販売店を開業する際の認可プロセスの簡略化である。カリフォルニア州では嗜好用と医療用が完全合法化されたとはいえ、州内どこでも店をオープンできるわけではなく、学校や児童館などの周辺地域を避けるなど細かい規定があり、地域住民の了解も得なければならない。その手続きなどに時間がかかり、店をなかなかオープンできず、合法化による需要増加に供給体制が追いつかない状態がしばらく続いた。そこでコンラッド氏は認可業務の担当職員を増やしたり、プロセスを簡略化したりして対応すべきだと主張している。

ふたつ目は、大麻製品の品質検査の迅速化である。製品の信頼性を確保する必要はあるが、検査に時間がかかり過ぎて消費者に製品を提供できないのでは元も子もない。ここでも検査スタッフを増やすなどして状況を改善すべきだとしている。

3つ目は、大麻製品の重包装の問題だ。顧客が家に持ち帰った大麻製品を子供が簡単に開けられないようにするために店側に重包装を求めているが、その結果、家に大量のプラスチックごみがたまってしまったりする。はたしてそこまでやる必要があるのか疑問であり、もっと軽包装にしてもよいのではないかとコンラッド氏は言う。

実際、カリフォルニア州の規制は少し細か過ぎて、厳し過ぎるようだ。コンラッド氏によれば、カリフォルニア州より先に嗜好用を合法化したコロラド州やワシントン州では、同じような問題は起きていないという。

2012年11月にワシントン州とともに米国で初めて嗜好用を合法化し、2014年1月から酒やたばこと同じように大麻を店頭で販売し始めたコロラド州では、州内で約16

0軒の大麻販売店が営業を始めたが、規制が厳し過ぎるなどの問題はメディアでもほとんど報じられなかった。代わりにコロラド州政府は2014年に合法大麻産業から約4400万ドル（約46億6400万円）の税収を得て、その約半分を公立学校の建設・修復などに充てたことが大きな話題となった。

カリフォルニア州はコロラド州よりも人口が多く、経済規模もはるかに大きいため、合法大麻市場による影響の大きさを考慮して厳しい規制を設けたのかもしれない。ちなみにカリフォルニア州の人口3951万人に対し、コロラド州は575万人（ともに2019年）、経済規模を示すGDPはカリフォルニア州2兆7470億ドル（約291兆1820億円）に対し、コロラド州は3285億ドル（約34兆8210億円、ともに2017年）である。

カリフォルニア州の合法大麻産業による税収は、2019年に6億3800万ドル（約676億2800万円）となった（コロラド州の2014年の税収の約14・5倍）。当初期待していたよりは少なかったようだが、同州政府にとって莫大な税収であることは間違いないだろう。

カリフォルニア州政府は合法化の後、新たな規制・検査機関の設置などを含め、膨大な人材や資金（リソース）を大麻ビジネスのインフラ構築に投入しており、もはやこの状況を変えることはできないのではないかと思う。つまり、たとえ連邦法で大麻は禁止されていても、同州政府としては大麻ビジネスをずっと維持していくということだ。

それは医療用と嗜好用を合法化している他の州についても言えることだが、この問題については本章の後半で述べることにしよう。

ワインのような「大麻の高級ブランド化」

カリフォルニア州では合法大麻市場を確立するための「生みの苦しみ」が続くなかで、非常に興味深い動きも出てきている。それは大麻をワインのように「高級ブランド」として販売することだ。

２０１９年７月に放送されたＰＢＳの特別番組「大麻ビジネス：グリーンラッシュ」は、この戦略について詳しくレポートした。

米国の大麻ビジネスの最先端をいくカリフォルニア州では、大麻草の産地や品種、加工方法などによって独自のブランド名をつけ、高級品として販売する「大麻のブランド化」戦略を展開している。

サンフランシスコから車で北東へ約1時間半の位置にあるナパバレーは世界的なワイン産地として有名だが、実はこの周辺地域は良質の大麻の生産地としても知られている。「バッズ（花穂）」の香りが良い高品質の大麻を生産するには、日当たり、土壌、気候などの好条件がそろっていなければならないが、この地域にはその条件が整っているという。

ナパバレーの他に、カリフォルニア州北部のハンボルト郡、メンドシーノ郡、トリニティ郡は「エメラルド・トライアングル」とも総称され、大麻の産地として有名だ。PBSのレポートは、この地域で高品質の大麻を生産する小規模農家を紹介していた。ハンボルト郡は沿岸部から内陸に入ると、森林や田園風景が広がっている。その内陸部で長年にわたって大麻農家を営んでいるクレイグ・ジョンソン夫妻は、ここの土壌や気候、環境などに合った独自の品種を開発し、小さな農園で栽培しているという。

ジョンソン氏はこう話した。

「ここには大量に栽培する温室などはありませんが、再生可能な栽培方法を用いて、有機栽培の上をいっています。土は生きていて、掘り起こせば、ミミズなど生き物がいます。自然が保っているバランスを崩さないように栽培しています」

この栽培方法こそが、このプレミアムの大麻製品をヒットさせているのである。フランスワインでは、産地の気候や地勢、土壌などの生育環境を示す「テロワール」という言葉が使われているが、ジョンソン夫妻によれば、彼ら自身の栽培方法や生育条件こそが「大麻のテロワール」だという。

「バッズ」と呼ばれる大麻草の花穂

ふたりは新規顧客を開拓するために、SNSのインスタグラムで大麻を栽培する農園の画像や動画を配信しているが、これには米国内だけでなく、医療用大麻先進国として知られるイスラエルや、世界で初めて嗜好用大麻を合法化したウルグアイなど海外からもコメントや問い合わせが寄せられているそうだ。

ジョンソン夫妻の顧客には、大麻の生産地を重要視する人が少なくないというが、妻のメラニーさんはこう説明した。

「いま、家族経営の農場が再びブームになっています。消費者は自分が口にするものがどこからきているのか知りたがっています。私たちの小さな大麻農園は100万人のお客さんを獲得するのは無理ですが、ビジネスを維持するのに十分な顧客は確保できると思います」

ナパバレーに隣接するメンドシーノ郡で、大麻の独自のブランドを開発したスワミ・チャイタニ氏は、それに自分の名前をつけて「スワミ・セレクト」として売り出している。チャイタニ氏は、カリフォルニア州の嗜好用大麻の合法化によって大手企業が参入してくることがわかったので、小規模生産者が生き残るためにはブランド化しかないと考えたという。

「ブランド化して高級品を扱うには、品質のみならず、独特のスタイルやストーリーが必要です。少量生産を強みにします。その土地の土壌によって独特のものができます。他の場所で栽培しても同じものはできません」

フランスワインは産地、ぶどうの品種、製造法などで分類され、ブランド名がつけられる。その名前には作り手の技能やスタイル、文化などが表れるが、チャイタニ氏は「大麻版の高級ブランド」を作ろうとしているのだ。

チャイタニ氏は１９６０年代に大学を卒業した後、映画製作の仕事に携わり、インドで10年間暮らした経験も持つ。インドでは朝からパイプをくゆらせて大麻を吸っている人たちを山ほどみたが、彼自身も若い時、サンフランシスコでヒッピー暮らしをして大麻をよく吸っていたので違和感はなく、彼らとはよく心が通じ合っていたという。

ブランド名のスワミ・セレクトの「スワミ」は彼自身の名前であると同時に、ヒンズー教徒の「聖者」の尊称でもある。以前はウイリアム・ウィナンズという名前だったが、それをスワミ・チャイタニに変えたそうだ。そのことからも、大麻を日常生活の一部として楽しむインドの大麻文化への彼の強いこだわりが感じられる。とにかくチャイタニ氏は大麻をこよなく愛し、その素晴らしさを確信しているのだ。

ＰＢＳの記者にスワミ・セレクトの見通しについて聞かれたチャイタニ氏は、「最高級の大麻を作ることだけを考えています。それがどれだけ売れるかは私が決めることではありません。〝経済の女神〟次第ですよ」と答えた。いまのところ、スワミ・セレクトに対する顧客の反応は上々のようだ。

医療用大麻が持つ驚くべき治療効果

話を医療用大麻に移そう。合法大麻のなかでも医療用は嗜好用より長い経験と実績があり、人々の生活に深く入り込んでいる。既述したが、米国内で最近、嗜好用の合法化が進んでいるのは、それ以前に医療用が合法化され、大麻の安全性と治療効果が実証されてきたからである。特に医療用大麻が持つさまざまな治療効果には驚くべきものがある。

私もカリフォルニア州で1996年に医療用が合法化された後、現地でがん、エイズ、多発性硬化症、てんかん、緑内障などの重病患者に取材し、その治療効果を目の当たりにしてきた。たとえば、余命3カ月と宣告されたエイズの末期患者（40代後半の男性）は医師に勧められて大麻を使用したところ、食欲が出て免疫力が回復し、その後、10年以上仕事をしながら生き続けた。さらには医療用大麻ががん患者の疼痛や抗がん剤治療による嘔吐などの副作用を緩和したり、1日に何度も起こるてんかん発作を抑えたり、緑内障患者の眼圧を下げて失明を防いだりしたという話も聞いた。

米国内で医療用大麻の治療効果について証言する患者や医師が増えるにつれて、主要メディアも特集番組などを組むようになった。

CNNは2013年8月、医療用大麻をテーマにしたドキュメンタリー「WEED（ウィード）」（大麻の俗語で、葉っぱの意味）を放送し、大きな反響を呼んだ。番組では脳外科医で主任医療担当記者のサンジェイ・グプタ氏がレポーターを務め、医療用大麻を使用する患者や医師などにインタビューした。特にインパクトが強かったのは、生後3カ月くらいからずっとドラベ症候群という重度のてんかん発作に苦しめられてきた5歳の少女の話だ。彼女の発作は毎日続き、1日数十回におよぶこともあり、その度に大声を出し、自分の髪の毛を引っ張ったり、頭を床に打ちつけたりしてもがき苦しんだという。

母親はいろいろな病院を回り、さまざまな治療薬を試したが、効果を得られず、発作を抑えることはできなかった。少女はやせ細り、次に発作が起きたら死ぬかもしれないという状況に追い込まれたところで、母親は医療用大麻を使うことを決断した。2012年1月のことだ。

母親は医療用大麻を使用するために診断書を担当医師に発行してもらい、大麻販売店で大麻成分入りのオイルを購入した。5歳の少女に大麻を吸わせるわけにはいかなかったからだ。大麻オイルをスプレー容器に入れ、少女の舌に数滴たらした。すると、1時間、2時間と過ぎても発作は起こらず、結局、その日発作は起こらなかった。

母親はグプタ氏に、「本当に信じられませんでした。次の日も、その次の日も発作は起こらなかったんですよ。それまでは1日何十回も起きていたのに……」と話した。

この番組が放送されてから約7カ月後の2014年3月、CNNは第2弾の「WEED2」を放送した。引き続きレポーターを務めたグプタ氏は番組の冒頭でこう話した。

「1年かけて医療用大麻の取材をしてきましたが、そこでわかったのは、私たちはミスリードされてきた（間違った情報を与えられ、それを信じるように仕向けられてきた）ということです。医療用大麻は、てんかんや痛みなど数十種類の病気や症状の治療に効果があるのです」

第2弾でグプタ氏は、大麻由来のてんかん治療薬や多発性硬化症治療薬を開発したイギリスのGWファーマシューティカルズ（以下、GW製薬）の研究所を取材した。また、世界に先駆けて医療用大麻の研究に取り組み、早くから病院や老人ホームなどで大麻を使用してきたイスラエルを訪ねた。

イギリス国内で大規模な大麻農園を持つGW製薬は、そこで栽培した大麻草の抽出物を主成分として、多発性硬化症の治療薬「サティベックス（Sativex）」や、難治性てんかんの治療薬「エピディオレックス（Epidiolex）」を開発し、欧州、カナダ、イスラエルなどおよそ30カ国で販売している。連邦法で大麻の医療使用を禁止している米国だが、米食品医薬品局（FDA）は2018年6月、エピディオレックスを難治性てんかんの治療に限定して承認した。

医療用大麻のさまざまな効果については、他の研究調査でも明らかにされている。

全米科学・工学・医学アカデミー（NASEM＝National Academies of Sciences, Engineering and Medicine）は2017年1月、1999年以降に発表された1万本以上におよぶ大麻関連の論文を厳密に再検討し、大麻に関する過去最大規模の分析調査を公表した。その内容は一言でいえば、大麻の使用にはリスクはあるが、特定の治療に効果を発揮する、というものだった。

たとえば、「慢性疼痛の治療に使用した患者は、痛みの症状の大幅な軽減を経験した割合が高かった。また、多発性硬化症関連の筋けいれんも、ある種の〝経口カンナビノイド〟、すなわち、大麻の成分カンナビノイドを基にした製剤の使用で症状が改善した。さらに、化学療法で治療中のがん患者の吐き気や嘔吐の予防と治療について、こうした経口カンナビノイドの有効性についても確証が得られた」とする一方、大麻のリスクについては「不確実な点が残っている」「大麻関連薬物使用のリスクのなかには、心臓発作の引き金となる可能性が含まれている。ただし、心臓発作や脳卒中、糖尿病との関連についてはさらに研究が必要だ」という（「ＡＦＰ通信」２０１7年1月13日）。

大麻のリスクについてはさらなる研究が必要ということだが、大切なのはこのような大規模な分析調査で、特定の治療における大麻の効果が認められたことではないだろうか。

難病に苦しむ有名俳優が医療用大麻を使用

ＣＮＮのレポートでもあったように、医療用大麻の特徴としてよく言われるのが、特定の病気や症状に苦しむ患者が治療薬をいろいろ試しても効果が得られず、最後に大麻を試したら効果があったというような話である。

映画『ミリオンダラー・ベイビー』でアカデミー助演男優賞を受賞したモーガン・フリーマンは、交通事故の後遺症で、難病とされる「線維筋痛症」を発症し、痛みを和らげるために医療用大麻を使用しているという。全身の骨格筋に激しい痛みが走るこの病気には効果的な治療薬がなく、彼は「大麻だけが激痛を和らげてくれる」と語っている。

フリーマンは2008年にミシシッピ州の自宅近くで、命に関わる重大な交通事故を起こした。腕、肩、肘などを骨折し、長時間におよぶ手術を経て怪我《けが》から回復したが、左腕に線維筋痛症を発症してしまった。腕を上げ下げする時など、耐えがたい痛みを感じるという。線維筋痛症の原因ははっきりわかっていないが、事故や精神的ストレス、遺伝的要素などが関係しているとも言われている。

治療法は痛みを和らげる鎮痛薬くらいしかない状況だが、オピオイド鎮痛薬は依存性が高いので気をつけなければならない（後述）。長年の大麻愛好家だというフリーマンは大麻が激しい痛みを和らげる効果があることをすぐに実感し、それ以来、医療用大麻についてさまざまな機会で積極的に発言するようになった。

２０１５年５月に行われたオンラインニュースメディア「デイリー・ビースト」のインタビューで、フリーマンは新作映画『5 flights up（邦題：ニューヨーク　眺めのいい部屋売ります）』について語るはずだったが、結果的にほとんど医療用大麻の話に終始してしまったという。

「大麻は多くの病気の治療に役立ちます。私はこの腕に線維筋痛症を抱えていますが、激しい痛みを和らげてくれるのは大麻だけです。てんかんの激しい発作を抱えた子供が大麻を使用すると発作がおさまり、人生を取り戻したという話をよく聞きます。そういうことを考えると、私は大麻を全面解禁してほしいと言いたくなります」

さらに彼はインタビューの最後で、「いつまでも精力的に映画作りに取り組まれていらっしゃいますが、そのエネルギーはどこからくるのですか？」と聞かれ、冗談まじりに「大麻をたくさん吸っているからです」と答えたという。

医療用大麻が線維筋痛症の症状緩和に効果があることは、イスラエルの調査でも示された。

医学専門誌の「臨床リウマチ・ジャーナル（ＪＣＲ＝Journal of Clinical Rheumatology）」

が2018年8月に発表した報告書によると、イスラエルのふたつの病院で医療用大麻を使用した線維筋痛症患者のデータを分析した結果、効果があることがわかったという。

30人の線維筋痛症患者のうち、26人が調査対象となり、平均10・4カ月にわたり、医療用大麻を使用した。その結果、医療用大麻を使用したすべての患者に著しい症状の改善がみられ、その半数にあたる13人は他の治療薬を服用するのをやめた。一方、8人（約30%）には軽度の副作用がみられたという。

報告書は結論として、「医療用大麻は線維筋痛症患者の治療に大きな効果があり、副作用は非常に少ない」とした。

線維筋痛症に苦しむ有名人はフリーマンだけではない。人気ポップ歌手のレディー・ガガもツイッターで自身が線維筋痛症であることを告白している。

英紙「ガーディアン」（2017年10月2日）は、「線維筋痛症：ポーカーフェイスの裏で激痛に苦しむレディー・ガガ」と題する記事を掲載し、彼女が病気を発症した原因として、過去に受けた股関節の損傷か、あるいは思春期の頃に受けた性的虐待による心理的トラウマが関係している可能性がある、と指摘した。

同紙はまた、多くの慢性疼痛症候群と同じように、線維筋痛症の患者は圧倒的に女性が多く、「女性の少なくとも5％は人生のある時点で発症する可能性がある」と報じた。

ガガは痛みの緩和のために医療用大麻を使用しているとは述べていないが、彼女が「大麻のヘビーユーザー」であることは以前からよく知られている。

2013年11月8日のロイターの記事「レディー・ガガ、手術後のマリファナ常用を告白」にはこう書かれている。

「米人気ポップ歌手、レディー・ガガが英誌のインタビューで、今年2月に受けた臀部《でんぶ》の手術の痛みを和らげるため、一時期は毎日マリファナを喫煙していたと告白した。ガガは8日発売の同性愛者向け雑誌『Attitude』で、『1日に15本のマリファナたばこを吸っていた』とコメント。『臀部の痛みがとても辛《つら》くなった時、だんだんと習慣になっていった』とし、『マリファナ吸引で感覚を麻痺《まひ》させて眠り、ステージに上がって痛みが出て、また吸っての繰り返しだった』と当時の状況を語った」。

脳性麻痺による歩行障害を大麻で克服

さらに医療用大麻は他の難病の治療にも効果があることがわかってきた。

米国南部の保守的なルイジアナ州で、医療用大麻を使用するための法的整備や患者の権利擁護などの活動を行っているジェイコブ・アービング弁護士（2018年8月の取材当時、27歳）は、脳性麻痺が原因で、生まれてから7年間くらいほとんど歩くことができなかったという。

脳性麻痺は胎児から生後1カ月くらいの間に、脳が何らかの損傷を受けて起こる疾患である。筋肉が麻痺するために起こる運動障害だが、小児肢体不自由の最も大きな原因とされている。

アービング氏は幼い頃から懸命に理学療法（リハビリ）に励んだ結果、小学生になる頃にはウォーカー（歩行器）を使えば、不自由ながらも少しは歩けるようになった。その後、彼はルイジアナ州の大学に入学し、神経科学や生物工学などの授業を受けるなかで、医療用大麻が州レベルでは合法化されていることや、重大な病気を抱える自分にそれを使用する資格があることを知り、試してみようと決めた。

２０１１年頃のことだが、当時ルイジアナ州では医療用大麻は合法化されていなかったので、アービング氏はコロラドなど合法化された州の大麻販売店へ行って購入した。彼はこの時に医療用大麻を必要とする重病患者が自分の住む州や地域で、それを容易に入手できるようにすることの大切さを痛感させられ、そのことが後に弁護士として医療用大麻の普及啓発や患者の権利擁護活動などに取り組む上で役立ったという。

医療用大麻のおかげで、アービング氏の歩行能力は著しく改善された。先述のＣＮＮのドキュメンタリーで取り上げられた５歳の少女のてんかん発作がおさまったように、アービング氏が医療用大麻を摂取すると、足のけいれんがおさまり、歩行がかなり自由にできるようになったそうだ。

それから彼は法科大学院へ進み、弁護士の資格を取得し、ルイジアナ州で医療用大麻に関連する法的支援活動を始めた。ちなみに同州で医療用大麻が合法化されたのは２０１５年である。

脳性麻痺は生涯にわたって運動障害を引き起こす病気であるため、アービング氏はずっと医療用大麻を使用しながらリハビリにも励んでいるという。

彼は私の取材に対してこう語った。

「一人で自立した生活をする上では、ほとんど問題ありません。毎日職場に通い、クライアントと会って打ち合わせをし、帰宅して食事を自分で作ったり、ということは問題なくできます。もちろん健常者とまったく同じように山登りをしたり、長距離のハイキングをしたりというわけにはいきませんが、日常生活に関してはほとんど問題ありません。自立した生活ができるというのは、自分の尊厳を守るという意味でも非常に重要なことだと思います」

そして弁護士としては、重病患者が医療用大麻を含む必要な治療を受けられるようにするための法的支援に力を入れている。特にルイジアナ州には保守的な人たちが多く、彼自身も子供の頃は、「誰も大麻について話をする人はいなかったし、『大麻を吸うと、頭がおかしくなる。脳が障害を受ける』などと言われて育ったので、人々の意識改革と啓発の重要性をよく認識している」という。

それから最後に、「理学療法の治療を続けても医療用大麻がなかったら、普通の日常生活を維持し、生産的な毎日を送ることはできていなかったと思います。中高生の頃は体を動かせないばかりに、いじめられることもありました。もう以前のような生活には絶対に戻りたくありません」と話した。

医療用大麻を使用する高齢者が増える理由

これまで医療用大麻がエイズやがん、てんかん、多発性硬化症、緑内障、線維筋痛症などさまざまな病気の治療に効果があることを述べてきたが、なかでも特に大きな恩恵を受けているのは高齢者ではないかと思う。人は年をとると病気や痛みを抱えやすく、薬を大量に飲むようになるが、医療用大麻を使うことで症状が改善し、病気の痛みや苦しみから解放され、薬の使用量も大幅に減ると言われているからである。

米国には病院、薬局、介護施設、銀行、郵便局、スーパーなどが近くにそろっていて、住民同士の交流や娯楽活動などを通して、高齢者が自立した生活を楽しめるように作られた退職者専用の「リタイアメント・コミュニティ」が各地にある。日本でたとえるならば、高齢者が多く暮らす巨大な団地か高齢者専用住宅というところだろうか。

私は2018年8月、カリフォルニア州サンフランシスコ近郊のウォルナットクリーク市にある「ロスモア・リタイアメント・コミュニティ（ＲＭＲＣ）」を取材した。ＲＭＲＣの入居条件である55歳を過ぎてから入居したというレネー・リーさん（取材当時66歳）は、以前に受けた脳腫瘍と足の手術の後遺症による激しい痛みのため、医師から処方されたオピオイド鎮痛薬（以下、オピオイド）を服用し始めた。しかし、アヘンを主成分とするオピオイドは吐き気や疲労感などの副作用がひどく、また依存性や耐性が強いため、使用量が増えてしまうのが心配だった。

実際にオピオイドの死亡リスクは驚異的な高さで、米国では医師から処方されたオピオイドの過剰摂取が原因で年間約１万５０００人が亡くなっている（２０１８年、米ＣＤＣ調査より）。

そこで彼女は医療用大麻を使うことにした。乾燥大麻を１日数回吸うと、効果はてきめんだった。足の痛みが和らいで普通に歩けるようになり、夜もぐっすり眠れ、食事も美味《おい》しくできるようになった。それからオピオイドの使用量を少しずつ減らし、最終的に医療用大麻だけで普通に生活できるようになったという。

リーさんは体調が良くなったので、しばらく休んでいたセラピストの仕事を再開した。

著者のインタビューに答えるレネー・リーさん

それから自身の経験をＲＭＲＣの他の住民とシェアしたいと考え、数人の仲間と一緒に医療用大麻について学習するための「医療用大麻教育支援クラブ（ＭＭＥＳＣ＝Medical Marijuana Education and Support Club）」を立ち上げた。

毎月1回行う勉強会では医療用大麻の研究者や医師、看護師、大麻販売店のスタッフなどを招いて、医療効果や摂取方法などについて話してもらうことにした。始めた頃は20人ほどだった参加者が、最近は１００～１５０人くらいに増え、メールの会員名簿は１０００人を超えた。年齢は50～90代（平均70代半ば）で、多くはがん、緑内障、認知症、関節

ＲＭＲＣのロビーでくつろぐ高齢の入居者たち

炎、胃腸障害、不眠症などを抱えた人たちだという。

ちなみにこの勉強会には、現在カリフォルニア州知事を務めるギャビン・ニューサム氏が副知事だった２０１６年頃に講師として訪れ、医療用大麻の歴史や法的状況、患者の権利の重要性などについて話したという。

ＲＭＲＣの入居者たちは医療用大麻についていろいろ学び、自分の症状に合うと思えば使ってみる。乾燥大麻を使うことに抵抗がある人は、大麻成分入りの食品やチンキ剤、オイルなどで摂取できる。これらの大麻製品は地域の大麻販売店で購入できるが、外出が面倒な人には自宅まで届けてくれるデリバリーサービスもある。また、大麻草を自宅で栽培したいという人は、個人使用として6株まで栽培することが可能である。

高齢者専用の「大麻バスツアー」が人気

カリフォルニア州南部のラグナウッズ市にある退職者コミュニティ、「ラグナウッズ・リタイアメント・コミュニティ（LWRC）」にも医療用大麻の学習サークルがある。ここの入居者にとって特にありがたいのは、毎月1回行われる地元の大麻販売店「バド&ブルーム（B&B＝Bud and Bloom）」のバスツアーである。

ツアーの参加者は店内でさまざまな大麻製品をみながら、店のスタッフや薬剤師による説明を聞き、自分の病気や症状に合った製品を選ぶことができる。良いと思えば購入すればいいし、納得しなければ当然買わなくてもよい。

B&Bでは2017年8月、50人乗りの大型バスを使ってこのツアーを始めた。最初は20～30人くらいしか集まらなかったが、その後は口コミやSNSなどで広がり、ほとんど満員になることが多いという。

大麻販売店「バド&ブルーム」の高齢者専用バスツアー
(Bud and Bloom 提供)

B&Bのスタッフは地域内の他の高齢者関連施設なども訪れて、医療用大麻のセミナーやプレゼンを行っているが、「地域のすべての住民が医療用大麻の有効性について正しい知識を持ち、安全で品質の良い製品を得られるようにするのが目標だ」と話す。

ラグナウッズは人口約1万6000人の小さな市だが、高齢者の人口が非常に多いこともあって、地元政府は高齢者の医療用大麻の使用を積極的に支援している。B&Bがバスツアーを始めた2017年8月に市長を務めていたシャリ・ホーン氏は自らツアーに参加し、その様子を撮った動画を

ＳＮＳに載せたりして告知や啓発に努めた。

自身も高齢で関節痛などを抱えているというホーン氏は、私の取材にこう話した。

「私が医療用大麻を支援したのは、特に高齢者にとって有益だと思ったからです。高齢者は多くの病気を抱え、薬を大量に服用しがちですが、医療用大麻はこれらの症状改善に役立ちます。関節炎の痛みを和らげるには大麻軟膏《なんこう》やチンキ剤が有効です。また、多発性硬化症による体の震えや痛みを抑える効果があるので、患者のＱＯＬ（Quality of Life＝生活の質）を向上させ、ほぼ正常に近い生活を送れるようになります。病気そのものが治ることはなくても、症状を和らげることで生きるのが楽になり、長生きできるようになるのです」

医療用大麻が高齢者の抱えるさまざまな病気や痛みの治療に有効だと繰り返し述べてきたが、ホーン氏によれば、そのことを知らない高齢者は少なくない。だからこそ、医療用大麻の勉強会や啓発活動が大切なのだという。

米国の合法大麻市場が抱える課題

州レベルでの医療用と嗜好用の合法化が進んだことで、多くの米国人は目的に関係なく安心して大麻を使用できるようになった。しかし、一方で、連邦法ではいまだに大麻は違法のため（産業用は合法化されたが）、大麻企業はさまざまな不利益、不都合を強いられていることも事実だ。ここでは合法大麻市場における解決すべき課題について考えてみよう。

まず、連邦法で禁止されている大麻を扱う企業は、銀行と取引するのが事実上不可能なことだ（銀行が連邦当局による罰則を恐れるため）。そのため、すべての大麻企業は銀行に口座を開設して預金することも融資を受けることもできず、自己資金かベンチャーキャピタルなどで集めた資金だけで事業を立ち上げ、運営しなければならない。また、売上金は厳重に現金で保管しなければならず、侵入窃盗や強盗などを防ぐための警備費用もかさんでしまったりする。

ふたつ目は、大麻企業の税額控除の問題である。連邦法で禁止されている大麻を取り扱う企業は不正ビジネスをしているとみなされるため、普通の企業のように法人税の申告の際、必要経費の控除を受けることができない。つまり、普通の企業の場合は、収入から必要経費を差し引いた課税所得額に税金がかかるが、大麻企業はいかなる事業支出も控除を受けられないため、納税額が非常に高くなってしまうのだ。

ＮＦＤのジョン・カジア氏はこう指摘する。

「経費の控除が認められないため、大麻企業を経営するのは非常に高くつきます。しかし、よく考えてみれば、それでも利益をあげている企業が少なくないわけですから、大麻ビジネスの基盤はしっかりしていると思います。言い換えれば、連邦法で合法化されて経費の控除が認められるようになれば、大麻企業の利益率や経営状態は大幅に改善するでしょう」

しかし、連邦法で合法化されない限り、厳しい状況は続くということだ。

３つ目に、大麻企業は税額控除を受けられないことに加え、連邦政府の経済支援策の対象にならない。２０２０年４月、連邦政府は新型コロナウイルスで打撃を受けた企業や従業員などへの４５００億ドル（約47兆７０００億円）相当の追加経済支援策を決定したが、大麻企業はこれに含まれなかった。

一部の民主党下院議員は、「コロナ禍で打撃を受けたのは、大麻企業も同じである。しかも大麻企業は銀行から融資を受けられないことを考慮すれば、打撃を受けた企業が経営を立て直すのは容易ではなく、支援の対象にすべきだ」と主張した。しかし、採決では約40人の賛成票を得たが、反対多数で否決されてしまった。

4つ目は医療用大麻に関してだが、連邦法で禁止されているために研究調査が制限され、思うようにできないことである。たとえば、研究者や研究機関が医療用大麻の研究を行う場合、連邦麻薬取締局（DEA）に申請して許可を得る必要があるが、審査が厳しくて承認されるまで数年かかることもあるという。

また、研究に使う大麻は米国立薬物乱用研究所（NIDA）と契約しているミシシッピ大学の栽培施設から入手しなければならないが、その大麻は一般的に合法市場で販売されているものよりTHC濃度が低かったり、長期間保管されて品質が低下していたりするため、どうしても研究が限定的になってしまうという。

それと、連邦法で禁止されているために、大麻の成分などを人間に投与して行う臨床試験は認められていない。この点は、数十年前から政府の支援を受けて大規模な大麻研究に取り組んでいるイスラエルとの大きな違いだが（第3章で詳述）、米国の大麻研究者の多くがイスラエルの状況を羨ましく思っているに違いない。

ただ、医療用大麻に関わる人たちにとって良いニュースは、連邦法で禁止されていても、大麻の生産・販売業者や患者、医師などが連邦法違反で逮捕されないようになっていることだ。オバマ政権のもとで、連邦政府が「医療用大麻を合法化した各州の決定を尊重する」と宣言し、これらの州に連邦麻薬捜査官を送らないようにする法律を制定したからである（それでも、各州の研究機関が大麻研究を行う場合は前述した制限を受けることになる）。

これによって米国の医療用大麻ビジネスに関わる人たちや、医療用大麻を使用する患者、医師などは最低限の安心感を得ることができたが、合法大麻市場全体からみれば、これだけでは不十分である。

バイデン政権の誕生で連邦レベルでの合法化が近づく

米国の大麻企業が不利益を受けている状況を改善するにはやはり薬物規制法の大麻禁止条項の廃止か改正が必要となるが、この法律について少し説明しよう。

１９３７年に制定された「マリファナ課税法（ＭＴＡ）」が、実質的に米国で初めての大麻を禁止する法律だったことは第1章で述べた。ところが、このマリファナ課税法は大麻の栽培・販売に法外な課税をするなど問題が多かったため、1969年に連邦最高裁による違憲判決で廃止された。

すると、大麻を目の敵にしていたニクソン大統領（当時）は翌1970年に「薬物規制法（CSA＝Controlled Substances Act）」を制定し、大麻の使用を厳しく禁止した。薬物規制法は危険性や依存性の強さ、医療効果の有無などの観点から、規制レベルの高い順に「スケジュールⅠ」～「スケジュールⅤ」に薬物を分類し、大麻をヘロイン、LSDなどと同じ「スケジュールⅠ」に入れた（116ページの図表5参照）。

しかし、総合的な危険度はカフェインと同等程度とされる大麻が最も危険な「スケジュールⅠ」に分類されたことに対しては、多くの専門家から疑問が呈された。「ニューヨークタイムズ」も大麻解禁の機運が盛り上がった2014年、社説のなかで、「大麻より危険性、依存性が高いとされるコカインやメタンフェタミン（覚せい剤）はスケジュールⅡに分類されている。これは実質と刑罰のバランスを欠いているのではないか」（7月27日）と批判している。

【図表5】薬物規制法（CSA）の「スケジュール」の定義と規制薬物

（DEAの「Drug Scheduling」より）

スケジュールI

乱用の危険性が高く、強い精神依存または
身体依存の可能性があり、医療的用途はない。
ヘロイン、LSD、大麻など。

スケジュールII

乱用の危険性が高く、強い精神依存または
身体依存の可能性があり、医療的用途はある。
コカイン、メタンフェタミン（覚せい剤）など。

スケジュールIII

スケジュールI&IIより乱用の危険性は低く、
中・軽度の精神依存または身体依存があり、
医療的用途はある。ケタミン、コデインなど。

スケジュールIV

乱用の危険性や精神依存・身体依存は
スケジュールI〜IIIの薬物より低く、医療的用途はある。
ザナックス（抗不安薬）、ダルボン（鎮静薬）など。

スケジュールV

乱用の危険性や精神依存・身体依存はスケジュールI〜IVの
薬物より低く、医療的用途はある。少量のコデインが入った
鎮咳薬、ロモティル（下痢止め薬）など。

このように問題の多い薬物規制法だが、はたして近い将来に大麻禁止条項が廃止・改正される可能性はあるのだろうか。

大麻の連邦レベルでの合法化に否定的な共和党が上院とホワイトハウスで実権を握っていた時は、その可能性は低かった。しかし、２０２０年11月の大統領選で、民主党のジョー・バイデン候補が勝利したことで、その可能性は高まった。

２０２０年12月４日、議会下院が大麻を薬物規制法のスケジュールⅠから除外し、大麻の生産・流通・所持などに対する刑事罰を廃止する「マリファナ機会・再投資・抹消法（ＭＯＲＥＡ＝Marijuana Opportunity Reinvestment and Expungement Act）」の法案を可決したのだ。これには過去の大麻関連の犯罪歴を取り消し、大麻製品に課税する条項なども含まれているが、大麻を連邦法で合法化する法案が下院で可決されたのは、米国史上初めてである。

これが上院でも可決され、大統領が署名すれば、州レベルでは合法だが連邦レベルでは違法という州と連邦の対立がなくなり、薬物規制法の大麻禁止条項は廃止され、全米50州に独自の大麻法を制定する権限が与えられることになる。その可能性はどれくらいあるのか。

２０２１年1月5日にジョージア州で行われた上院2議席をめぐる決選投票で両議席ともに民主党候補が勝利し、民主党が上院の多数派を奪還したことで、その可能性はかなり高まったと私はみている。

上院院内総務のシューマー議員の他、ワイデン議員、ブッカー議員、サンダース議員などの民主党指導者は、これまで薬物規制法の大麻禁止条項を廃止するための法案を支持し、選挙期間中もその議論を前進させることを公約としてきた。加えてカマラ・ハリス副大統領は上院のMOREAの法案の共同提出者である。こうしてみると、上院が同法案を可決する可能性は高い。

残るはバイデン大統領の署名だが、バイデン氏自身これまで連邦政府に対し、大麻を合法化した州の決定を尊重するように訴えてきた。つまり、MOREAの内容を基本的に支持しているということであり、署名する可能性は高いのではないかと思われる。

私は２０２０年11月の大統領選後の状況を取材して、大麻の連邦レベルでの合法化はかってないほど近づいていることを実感した。

カリフォルニア州に関していえば、州の政府と大麻企業は合法市場を確立するために莫大なリソースを投入しており、それらをすべて無駄にするということは考えにくい。また、連邦政府は合法化した各州の大麻産業から莫大な税収を得ており、それを失いたくないだろうし、米国経済全体への影響を考えても、合法大麻市場をつぶすことはあり得ないのではないか。

1930年代に石油産業や化学繊維産業などからの圧力と政治的な思惑で制定されたマリファナ課税法が1969年に連邦最高裁によって廃止され、その後制定された薬物規制法の大麻禁止条項がいま、国民の要望を受けた連邦議員らによって廃止されようとしているというのは実に興味深い。

巨大な潜在性を持つ産業用大麻「ヘンプ」

米国は1937年の「マリファナ課税法」によって、嗜好用と医療用だけでなく、産業用大麻（ヘンプ）の栽培も制限してしまった。しかし、2014年の農業法改正で研究目的のヘンプ栽培が認められ、さらに2018年12月の農業法改正で、全米でヘンプが合法化された。つまり、ヘンプが薬物規制法の規制対象から除外され、違法薬物ではなくなり、代わりに農作物保護の対象になったということだ。これによって、ヘンプを管轄する部署も連邦麻薬取締局（DEA）から、米農務省（USDA）に移った。

前に述べたように、麻薬として規制されるマリファナとの違いは、ヘンプはTHCの含有量が0・3％未満に抑えられていることだが、栽培の現場では時には問題が起こることもあるという。

たとえば、生産者がTHCが0・3％未満の品種のヘンプを栽培しても、長時間の日照など生育条件によって、0・3％を超えてしまうこともある。運悪くそれが警察や麻薬捜査官などに見つかると、最悪の場合、収穫したヘンプをすべて廃棄しなければならないこともあるそうだ。つまり、ヘンプのTHC含有量の基準はそれだけ厳しく守らされているということである。

2018年の合法化によって、それまで限定的だったヘンプの栽培が多くの州で行われるようになった。それは良いのだが、問題は多くの農家が大量のヘンプを栽培したため、生産（供給）過剰となって価格が大幅に下がり、期待した利益をあげられなかったことだ。その結果、破産する生産者も出たという。

大麻の歴史やビジネスに詳しいクリス・コンラッド氏によれば、根本的な問題はヘンプからさまざまなヘンプ製品に加工するためのインフラが不十分なことだという。つまり、ヘンプは繊維、建設材料、バイオ燃料、紙など用途は広いが、米国では長い間栽培が禁止されてきたため、ヘンプを製品に加工するための設備が十分に整っていないのである。

コンラッド氏はこう続けた。

「住宅、紙、繊維などにヘンプを使用できるようにするためのインフラを急いで確立するべきです。特に住宅建材としてヘンプの潜在性は巨大です。住宅用にもっと使えるようにすれば、ヘンプの需要は爆発的に増えるでしょう。それと、カーボディや３Ｄプリンターにもヘンプ繊維を使用することができます」

一方、「世界一のヘンプ生産国」として知られる中国は、ヘンプ製品の優れた加工技術を持ち、インフラもよく確立されているが、それについては次章で述べることにする。

CBD製品の需要も急速に拡大

ヘンプ製品の需要増加に伴い、大麻を原料として作られるCBD製品の需要も急増している。CBD製品には健康食品やサプリメント、化粧品、医薬品などがあり、一般のドラッグストアでも販売されているが、健康増進、ストレスや不安の軽減、睡眠改善などの目的で使う人が多いという。

最近は日本でもCBD製品を海外から輸入して販売する企業が出てきたが、日本では精神活性作用のあるTHCがわずかでも含まれていると規制対象になるので注意が必要だ。

一方、米国ではヘンプが連邦法で合法化されたので、THC含有量が0・3％未満のヘンプ草を原料として作られたCBD製品の販売は認められている。

急速に拡大する米国のCBD市場だが、ひとつ懸念がある。それは、健康・医療効果を主張して売上を伸ばすCBD製品に対してFDAが注目し、サプリメントではなく、医薬品として規制することを検討し始めたことだ。もしそれが実施されると、健康・医療効果をうたったCBD製品は研究調査データなどを含む医学的な裏づけがないと、販売できなくなる可能性がある。

ＦＤＡは２０１８年６月、ＣＢＤ製品として有名なイギリスのＧＷ製薬のてんかん治療薬「エピディオレックス」を、入念な審査を実施した上で承認したが、今後は米国内で販売されるすべてのＣＢＤ製品に対し、同様の審査基準を適用しようとしている。医薬品の販売に対して医学的な裏づけが求められるのは当然のことだが、それが健康食品やサプリメントなどを含めたすべてのＣＢＤ製品に適用されると、米国内のＣＢＤ市場の鈍化につながる可能性がある。

しかし現在のところ、ＦＤＡが本気でＣＢＤ製品の規制に取り組もうとしているのかどうかは定かではない。もしかしたら、健康・医療効果を大げさにうたった誇大広告に警鐘を鳴らすのが目的であり、本気で規制に取り組む気はないのではないかとの指摘もある。

車やジーンズ、住宅にもヘンプが使われる

ＣＢＤ市場にはこのような懸念はあるものの、ヘンプ市場全体としては巨大な潜在性を持っていることは間違いない。消費サイドからみると、今後、ヘンプの需要はどんどん伸

びていくと予想されるからだ。ヘンプはバイオプラスチックやバイオ燃料、建築資材、カーボディなどにも広く使われている。

多くの企業はすでにヘンプを使った製品づくりに力を入れている。ドイツのBMWはヘンプ素材のカーボディを採用しているが、これに関しては20世紀前半、米国のフォード・モーターがヘンプカーの実用化を試みたものの、マリファナ課税法の制定によって断念せざるを得なかったことは前述した。また、リーバイ・ストラウスはヘンプを素材としたジーンズ（ヘンプ30％、綿70％）を販売している。今後は他の自動車メーカーやアパレルメーカーもヘンプ素材の製品をどんどん作って販売していくだろう。

さらに建築資材の分野でもヘンプの使用が進んでいる。「ヘンプクリート」と呼ばれる麻のチップと石灰の混合物が建築資材や断熱材として使われるようになった。これは従来の石灰混合物より作業しやすく、また断熱材や調温建材にもなるので評判が良いという。価格はまだ比較的高いが、大量に生産されるようになれば下がっていくだろう。

そしてなにより、ヘンプ市場がこれから拡大していくであろう最大の理由は、環境にやさしいことである。すでに述べたように、ヘンプは小麦やトウモロコシ、綿などよりも多くのCO_2を吸収する。つまり、ヘンプの栽培を増やすことで化石燃料の燃焼などによって排出されるCO_2の量を減らし、地球温暖化の問題を改善できる可能性があるということだ。

ＮＦＤのカジア氏は私の取材にこう話した。

「ヘンプ栽培はCO_2排出量を減らすための非常に効率的な方法です。またヘンプは土壌汚染を除去し、クリーンにしてくれます。長い間の環境破壊によって深刻なダメージを受けた地球を復元し、再生するために重要な役割を果たすことは明らかです。これを行うにあたって遅過ぎるということはないと思います」

さらにカジア氏は「石油会社や化学繊維会社が経営方針を転換して、ヘンプ産業に参入することを期待します」と、付け加えた。

考えてみれば、いずれ枯渇する石油資源に頼った成長は永遠に続くものではない。彼らがヘンプ産業に参入することは、企業の生き残り戦略という点からも悪くないかもしれない。実際、酒類やたばこ産業の分野では、将来の大きな成長が見込めないということで、大麻産業に参入する企業が増えている。

カナダが嗜好用大麻と医療用大麻を全面解禁した理由

州レベルの大麻解禁が進む米国と異なり、カナダは連邦法で２００１年に医療用を、２０１８年10月に嗜好用を合法化した。嗜好用大麻を合法化した国としては、ウルグアイに次いで２カ国目、そして「Ｇ７」主要先進国のなかでは唯一の国だ。カナダはなぜ、嗜好用大麻を合法化したのか。

いくつかの理由が考えられるが、最も大きいのは現首相のジャスティン・トルドー氏が中道左派の自由党の党首として戦った２０１５年10月の総選挙で、嗜好用大麻の合法化を公約に掲げて勝利したことだ。

この政策は中道右派の保守党の厳しい批判にさらされたが、トルドー氏は合法化することで大麻の生産・販売業者をきちんと管理し、闇市場で取引する犯罪組織の資金源を断ち、同時に合法的な業者や購入者への課税で税収増加が見込め、さらに18歳未満への販売・譲渡を厳しく禁止することで、子供たちの手に大麻が渡らないようにできると主張した。

物議をかもした公約だったが、結果的にトルドー氏の自由党は有権者（特に若年層）の支持を大きく伸ばして圧勝した。その背景には、２００１年の医療用大麻の合法化によって大麻には治療効果があり、かつ比較的安全であるとの認識が人々の間に広まっていたこともあったようだ。選挙で勝利したトルドー氏は首相となり、公約を守って、２０１８年10月に嗜好用大麻を合法化したのである。

嗜好用の合法化に合わせ、カナダのトロント証券取引所には、大麻の栽培・加工・販売などを行っている企業１００社以上が上場し、大麻市場に莫大な資金が流れ込んだ。ところがその後、カナダの大麻企業は、前述したカリフォルニア州のケースと同様に、合法市場を確立するための「生みの苦しみ」を経験することになった。

具体的には、新たに設けられた規制や品質検査、課税などだが、カナダの場合は特に各地域の販売店の出店要件が厳しく、手続きも面倒だった。そのため、小売店の数が足りず、合法化で急増する大麻の需要に供給が追いつかない状態がしばらく続いた。

その結果、嗜好用の合法化で闇市場から合法市場に移るのではないかと思われた消費者があまり増えなかったばかりか、合法的に買うのをあきらめて闇市場に移ってしまった人も少なくなかったという。そのために闇市場は打撃を受けるどころか、逆に売上が増えて活気づいてしまった。トルドー政権が嗜好用を合法化した目的のひとつは闇市場の根絶だったが、少なくとも当初はその狙い通りにはならなかった（その後しばらくして、状況は改善されたが）。

闇市場の違法取引を根絶するための闘い

大麻の供給が需要に追いつかない状況は、特に人口が多い東部オンタリオ州で顕著にみられた。オンタリオ州といえば、かつて米国のチョコレート最大手ハーシー社の工場があり、「チョコレートの首都」と呼ばれていた地域である。その後、ハーシー社の工場跡地はカナダの大麻ベンチャー企業に買収されたが、その企業はなんと数年で大麻業界国内最大手に成長し、会社名を「キャノピー・グロース」に変えた。

嗜好用大麻が合法化されても供給体制が不十分な状態が続き、大麻企業の売上は期待したほど伸びなかったことで、株価が乱高下するようになった。

キャノピー・グロースの株価は２０１８年5月にニューヨーク証券取引所に上場されて半年後の11月には、上場時の約2倍の52・０３米ドルに上昇した。ところが、それから1

年余り経た2019年12月には、元の株価に戻ってしまった。多くの競合他社の株価も同じように乱高下した（「BBCニュース」2019年12月29日）。

しかし、その後、カナダ政府と大麻産業が供給体制の構築・改善に取り組んだことで、少しずつ明るい兆しがみえてきた。

たとえば、オンタリオ州政府は大麻販売店の出店要件を大幅に緩和し、地域内でオープンする店舗数の上限を撤廃した。また、カナダの公安省（PSC）はオンライン闇市場の取締りを強化し、違法販売を阻止する新たな計画を実行した。捜査当局が違法業者の摘発に乗り出したのは合法大麻の業界団体から要請があったからだというが、これは非常に重要なことだ。ネット販売の場合、消費者には、どれが違法でどれが合法かの区別がしにくいからである。

そして2020年3月頃には、嗜好用、医療用ともに大麻製品の売上が増え、合法市場に明るさが戻ってきたが、問題はやはり闇市場の売上がなかなか減らないことだ。

調査会社の「デロイト」は、2019年のカナダの医療用と嗜好用を含めた大麻市場全体の売上は71億7000万米ドル（約7600億2000万円）に達すると予測し、そのうち合法市場からのものは43億4000万米ドル（約4600億4000万円）になるとした。つまり、売上全体の4割近くを闇市場が占めているわけで、闇市場の根絶がいかに難しいかを物語っている。

カナダで大麻合法化を求める活動を長く続けてきた男性はこう語っている。

「〝生みの苦しみ〟はありますが、カナダの合法市場を確立するための取り組みはおおむねうまくいっていると思います。闇市場から合法市場へシフトする難しさを認識する必要があります。私たちはすぐに目標を達成できるわけではないのです。大麻の全面合法化を勝ち取るまでに25年以上のハードワーク（大変な苦労、努力）を要したことを忘れてはなりません」

今後、当局による違法業者の摘発が進み、合法市場の売上が増えていけば、最終的にカナダ政府の狙い通り、闇市場を根絶できるかもしれない。それには時間がかかるにしても、カナダ政府は全面解禁したことで、巨大な合法大麻市場を生み出したことは間違いない。

デロイトの分析によると、カナダの嗜好用大麻の合法化による潜在的な経済効果は輸送、ライセンス料、セキュリティ（保安・警備）などを含めると、220億米ドル（約2兆33

20億円）を超えるという。これはカナダのGDP約1兆7100億米ドル（約181兆2600億円、2018年）の約1・3％を占める。合法大麻産業はカナダ経済にとって重要な存在になってきたことはたしかであろう。

世界的にも有名なカナダの大手大麻企業

連邦法で合法化されているカナダの大手大麻企業の強みは、銀行との取引や税の経費控除などが認められていることに加え、投資家やビジネス関係者に十分な安心感を与えられることである。前述したように、米国では連邦法で禁止されたままなので、投資家は心の底から安心して大麻企業に投資することはできない。

そのため、米国の大麻企業はカナダの企業のように莫大な投資資金を集めることは難しく、結果的に世界の有名なトップ大麻企業の多くはカナダの企業によって占められている。

金融商品や投資関連の情報提供サイト「インベストピディア」（拠点は米国ニューヨーク）は定期的に、「収益別のカナダのトップ大麻企業」と題するコラム記事を掲載し、その時点での財務状態に基づく大麻企業に関する投資情報を提供している。

２０１９年度第３四半期の総収益が発表された時点で掲載された記事の内容の一部を抜粋しよう。

1位：キャノピー・グロース（Canopy Growth）

２０１９年度第３四半期の総収益は８３００万加ドル（1加ドル82円として約68億６００万円）。オンタリオ州に本社をおき、北米で最初に上場された大麻企業である。同社は２０１８年に米国のコロナビールなどを擁する酒類販売大手のコンステレーション・ブランズ社から40億米ドル（約４２４０億円）の投資を受けて、時価総額で世界最大の大麻企業となった。

2位：オーロラ・カンナビス（Aurora Cannabis）

２０１９年度第３四半期の総収益は５４２０万加ドル（約44億４４４０万円）。エドモントンに本社をおき、大麻の生産と製造・販売を手がける。時価総額でキャノピー・グロースに続き、世界第２位の大麻企業である。国際的なビジネスに強い同社はベルリンを拠点とするペダニオス社を買収し、そこを通してイタリアの企業と供給契約を結んでいる。

3位：アフリア（Aphria）

２０１９年度第３四半期の総収益は２１７０万加ドル（約17億７９４０万円）。２０１４年に創立されたアフリアは医療用大麻に力を入れており、カナダ国内の企業で最初に医療用大麻の製造・販売の認可を受けた（アフリアは２０２０年12月、カナダの大麻企業ティルレイとの経営統合を発表し、その後、売上高でキャノピー・グロースを抜いてカナダ最大の大麻企業となった）。

これらの企業はカナダ国内にとどまらず、世界的にも注目されている大麻企業だ。投資情報サイトで新しい財務情報が公表されることで、世界中の投資家から新たに資金が集まってくる可能性がある。これも連邦法で合法化されたカナダの大麻企業の強みである。

カナダの人口は約３７９０万人。約3億３０００万人を擁する米国のおよそ9分の1で、消費者の数や大麻市場の規模は米国よりはるかに小さい。しかし、カナダの大麻企業の強みは米国やイスラエルの企業との資本提携や、欧州の大麻企業の買収などを含め、世界市場を視野に入れて広くビジネスを展開していることである。カナダの大麻企業のビジネスモデルは今後、世界の合法大麻市場の見本となっていくのではないかと思われる。

第3章

北米に対抗する中国とイスラエル

（北海道ヘンプ協会提供）

米国とカナダの合法大麻市場に対抗するのは、産業用大麻「ヘンプ」の世界最大の生産国である中国と、医療用大麻の研究で世界をリードするイスラエルである。中国は、嗜好用と医療用の大麻（マリファナ）を厳しく禁止しているが、産業用大麻を合法化し、ヘンプ製品の生産・加工技術などで世界のトップレベルを誇る。また、１９６０年代に世界で初めて精神活性作用のある大麻成分のＴＨＣ（テトラヒドロカンナビノール）と、抗炎症・鎮痛作用などがあるＣＢＤ（カンナビジオール）を発見した科学者を擁するイスラエルは、国を挙げて医療用大麻の研究とビジネスを推進している。

中国は世界一の産業用大麻の生産国

中国では４０００年以上前から大麻が治療目的で使われていたことは第1章で述べたが、実は産業用のヘンプも数千年前から栽培され、繊維や紙などに使われていたことがわかっている。いまから３４００年ほど前に作られた河北省の殷王朝の墓には、ヘンプの繊維が使われていたそうだ。

近代となり、中国政府は産業用大麻（ヘンプ）の栽培・使用は認めたが、医療用と嗜好用の大麻（マリファナ）を禁止している。

中国政府がマリファナを禁止しているのは、アヘン戦争によるトラウマが残っているからではないかと言われている。これはアヘンの密貿易をめぐって、中国とイギリスとの間で1840年から2年間行われた戦争で、イギリスの商人が持ち込んだアヘンが中国内で蔓延《まんえん》して深刻な社会問題となり、当時の清《しん》皇帝がアヘンの全面禁輸を断行し、それを没収・焼却したことで起きたが、清は惨敗した。その結果、清は1842年にイギリスへの多額の賠償金や香港《ホンコン》島の割譲など屈辱的な不平等条約（南京《ナンキン》条約）を締結させられることになった。

アヘン戦争はその後の中国の凋落《ちょうらく》を決定づけることになったとも言われており、中国にとってアヘンという麻薬は屈辱の象徴となった。その影響もあってか、いまの中国政府は精神活性作用のあるマリファナに対する警戒感が相当強いようだ。だからこそ産業用のヘンプのみを許可して、嗜好用と医療用のマリファナを禁止しているのであろう。

中国で栽培されたヘンプは繊維や織物、建材、食品など幅広く使われているが、大麻企業は政府の支援も受けながら、製品加工技術の向上に力を入れている。

中国のヘンプの大半はロシア国境に近い北部の黒龍江省と、南西部の雲南省で政府の管理のもとに栽培されている。中国の農家にとって利益率の高いヘンプは、「グリーン・ゴールド」（緑色の外観を持つ金のたとえで、金のように価値が高いという意味）と呼ばれているそうだ。たとえば、ヘンプを1ヘクタール栽培した場合の収入は1万元（約1500米ドル）くらいで、トウモロコシの3〜4倍になるという。しかもヘンプは害虫に強く、殺虫剤など農薬を使う必要がほとんどない。

香港で発行されている日刊英字新聞「サウス・チャイナ・モーニング・ポスト（SCMP＝南華早報）」は、「中国の毎年のヘンプ生産量の公式な数字は出ていないが、ヘンプ農家は栄え、生産量は増えている。政府支援を受けたヘンプの軍事用途の研究なども行われるようになった。政府の支援と長い伝統のおかげで、中国は静かにヘンプの生産と研究における大国になった」と報じている（2017年8月27日）。

同紙はまた、中国の農家が寒帯気候や亜熱帯気候などまったく異なる気象条件のもとでヘンプを栽培できるのは、政府の支援を受けた研究者が厳しい気象条件下でも栽培できるハイブリッド品種を開発したからであると伝えた。

中国のヘンプ生産量の正確な数字はわからないが、米国のヘンプ啓発推進組織「ミニストリー・オブ・ヘンプ（ＭＯＨ）」が２０１９年4月に発表した「世界のヘンプ栽培国ランキング」によれば、中国は栽培面積においてカナダ、米国、フランスなどを抑えて第１位となっている。

ＭＯＨは、中国のヘンプ栽培面積は20万～25万エーカー（約8万～10万ヘクタール）と推定。中国が世界の主要なヘンプ栽培国になった背景には、政府がヘンプ栽培を一度も禁止したことがないことに加え、ヘンプ産業を積極的に支援していることがあるとしている。

２位のカナダは２０１７年にヘンプの栽培面積を前年の7万５０００エーカー（約3万ヘクタール）から14万エーカー（約5万６０００ヘクタール）に増やした。３位の米国は２０１８年に連邦法でヘンプ栽培を合法化したばかりなので、ランキングに載ったのは初めてだが、２０１８年には7万８１７６エーカー（約3万１５００ヘクタール）で栽培され、前年より大幅に増えた。４位のフランスは２０１７年に4万３０００エーカー（約1万７０

00ヘクタール）で栽培され、欧州で最も多かった。フランスのヘンプ産業は綿産業の発展によって一時衰退したが、1960年代に復活し、その後、栽培面積は徐々に増えているという。

中国が「世界のヘンプ大国」と呼ばれる背景には、栽培面積の多さに加え、ヘンプ草の品種改良や製品の加工技術向上などに積極的に取り組んでいることがある。さらに中国は政府機関と民間企業が協力して、海外からヘンプの専門家や企業関係者、投資家などを招き、国際会議を実施している。

中国農業科学院が「ヘンプ国際フォーラム」を開催

米国の大麻専門家クリス・コンラッド氏は2019年7月、中国・黒龍江省の省都ハルビンで開催された「中国産業用ヘンプ国際フォーラム（CIHIF＝China International Hemp Industry Forum）」に講演者として参加した。

このフォーラムには中国内のヘンプ生産者や加工業者に加え、米国、カナダ、欧州などからヘンプの研究者、企業関係者、投資家など数百人が集まり、ヘンプ産業の現状や研究開発、政策、投資や市場の展望、ＣＢＤ製品の規制などについての議論が行われた。

中国がこの種の国際会議を行う背景には、海外の専門家と情報交換を行うことで国内のヘンプ産業の生産・加工技術の向上、外国の企業や研究機関との協力体制の構築、投資機会の促進などを図る狙いがあると思われるが、この時は思わぬハプニングがあったという。

コンラッド氏は米国の大麻規制の歴史や合法大麻市場の現状などについて講演したが、そのなかで、精神活性作用のある大麻成分ＴＨＣについて、「医療効果を考えれば、ＣＢＤに劣らず大きなメリットがあるＴＨＣを廃棄してしまうのはもったいない」という趣旨の発言をすると、中国人の通訳が勝手にその部分を訳さずに伝えたそうだ。中国が精神活性作用のある大麻成分に対して神経質になっていることは先述したが、コンラッド氏はそれを改めて認識させられることになった。

しかしそれでもコンラッド氏は、「中国がヘンプ産業の推進をこれだけ一生懸命やっているところをみると、医療用や嗜好用の大麻についても大きな経済的メリットをもたらすと判断すれば、方針を変える可能性はあるのではないか」と話した。このことについては後ほど改めて論じることにしよう。

フォーラムが終了した後、コンラッド氏ら参加者は、ハルビンにある大規模なヘンプ農園を見学した。それは野球場よりもはるかに広いヘンプ畑が延々と続く、とても美しい光景だったという。

このヘンプ国際フォーラムは黒龍江省政府と同省農業科学院（HAAS＝Heilongjiang Academy of Agricultural Sciences）、民間企業の「ヘンプ＆CBDチャイナ（HCC）」が共同で開催したものだ。HAASは1960年代以来、ヘンプの遺伝資源の収集や照合などの農業研究に従事してきた研究所だが、現在は新しい産業用大麻品種の栽培、遺伝資源の技術革新、分子細胞遺伝学、栽培に関する技術研究などを行っている。また、HCCはヘンプやCBD業界の調査報告書の作成、国際会議の企画、投資・融資サービスなどを行っている会社である。

このように政府と公的研究機関、民間企業が共同で国際会議を開催しているところをみると、中国が国を挙げてヘンプ産業を推進しようとしていることがわかる。

日本からの視察団も受け入れる

中国は国際会議の開催や海外のヘンプ関連団体との交流、意見・情報交換などを積極的に行っているが、実は日本からの視察団も受け入れている。2018年8月、「北海道ヘンプ協会（HIHA＝Hokkaido Industrial Hemp Association）」（本部：旭川市）の一行はハルビンにある黒龍江省科学院大慶分院研究所と、ヘンプ企業を視察した。

北海道ヘンプ協会は、北海道にヘンプの栽培と新たなヘンプ関連産業を創出することを目的に2014年8月に設立された一般社団法人である。主にヘンプに関する普及啓発や試験栽培、研究開発、ヘンプ事業を計画及び実施する農業者、企業、自治体、大学などの研究機関に対する支援などを行っている。

北海道の上川農業試験場を退職後に同協会の代表理事に就任した菊地治己《はるみ》氏（農学博士）は、「ヘンプを北海道の新たな基幹作物とするのが、HIHAの遠大な目標です。ただし、嗜好用や医療用の大麻の解禁を求める活動は一切行っておりません。あくまでも農作物としてのヘンプの普及と、それを原料とするヘンプ産業の振興に限定して活動しております」と述べている。

菊地氏ら北海道ヘンプ協会の一行は、世界トップレベルにある中国のヘンプの研究開発や栽培・加工の現場を視察するために、黒龍江省科学院大慶分院研究所と、民間企業の「天木工業大麻科技開発有限公司（以下、天木工業）」を訪れた。ちなみに北海道と黒龍江省は友好提携関係に、ハルビン市と旭川市は友好都市の関係にあり、それ以前からさまざまな分野で交流が行われてきたそうだ。

同協会が発表した「中国黒龍江省ヘンプ産業視察ツアー2018報告書」によれば、黒龍江省科学院大慶分院は、1974年創立の亜麻の産業研究所を前身に持ち、2009年に設立された。亜麻とヘンプの品種改良や栽培、バイオテクノロジー、機能性食品、化学分離などの科学研究を行っているという。

視察団の一行は大慶分院の研究棟と展示室を訪問したが、展示室には同研究所の研究成果である亜麻、ヘンプの品種草本や種子のサンプルをはじめ、紡績糸や衣料品などの繊維製品、自動車の内装材、建材、そして食料品、化粧品、衛生用品、日本でも関心の高いCBD製品などの中国国内産製品と海外製品が数多く展示されていた。

これらの展示品をみれば、中国がヘンプの葉や茎、種子などを使ってさまざまな製品を作っている実態がよくわかると思うので、その一部を写真で紹介しよう。

黒龍江省科学院大慶分院研究所が開発したヘンプ品種「火麻１号」
（145～148 ページの写真：北海道ヘンプ協会提供）

火麻１号から作ったヘンプ紡績糸

ヘンプ食品（クッキー）

ヘンプ建材

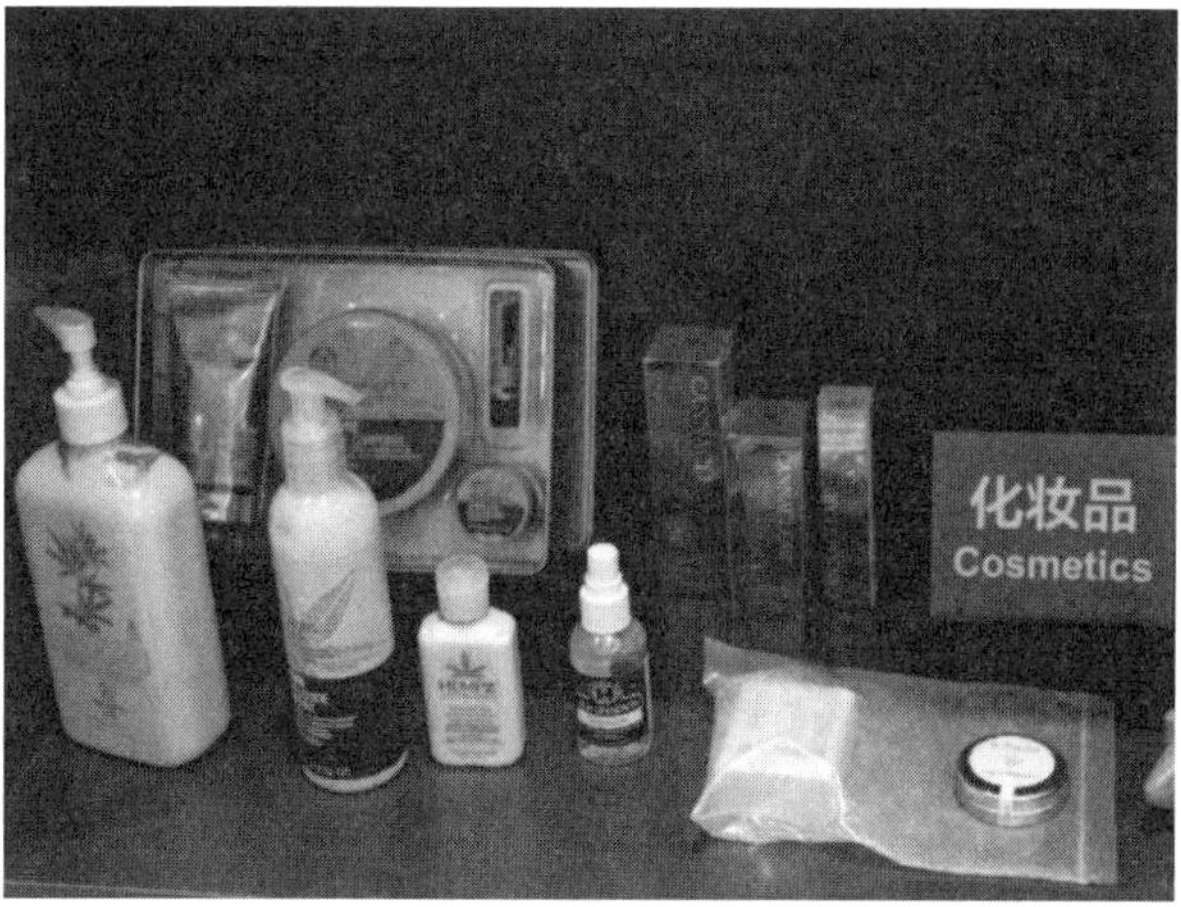

ヘンプオイルを使った化粧品

ヘンプ生地のシーツやクッション

見渡す限りの広大なヘンプ畑

大慶分院の展示室を視察した後、一行はヘンプ企業の天木工業を訪れ、広大なヘンプ畑や、ヘンプの茎から繊維を取る加工を行っている工場を見学した。天木工業では、ヘンプの栽培から、収穫した茎から繊維を取り出す加工、ヘンプ製品の製造・販売までを一貫して行っている。

視察団は大慶分院の研究者らと中国ヘンプ産業の現況や将来の可能性について意見交換を行ったが、そこで大慶分院科研科長の王云云博士はこう語っている。

「ヘンプ繊維が優れた特性を持つのは、中国企業がこれまで巨大な開発投資を行い、新しい技術開発をしてきたからです。これらの成果によって、ヘンプの紡績分野の製品が消費者向けにいろいろ商品化されました。ヘンプ製品はいままで製造量が少なかったのですが、今後はヘンプの栽培量を増やすことにより発展していく可能性が大きいと考えています。（中略）市場が巨大なので、これからヘンプの自動車内装材や建築材料についてさらに力を入れて研究していきたいと考えています」

先述したように、まさに中国は国を挙げてヘンプ産業の推進に取り組んでいるのである。

中国は本気で世界の大麻市場支配を目指すのか

これまでのところ中国は産業用大麻の推進にとどまっているが、将来的に医療用や嗜好用の分野に進出する可能性はあるのだろうか。

前出のクリス・コンラッド氏を含め、その可能性を指摘する大麻専門家やメディア報道は少なくない。その根拠のひとつとなっているのが、中国が取得している大麻関連の特許件数の多さである。

2019年に米国の「リサーチアンドマーケッツ」が発行した「中国の大麻市場概況（Chinese Cannabis Market Overview）」によれば、国連の専門機関である世界知的所有権機関（WIPO）に登録された大麻関連の特許件数は世界で計606件にのぼり、そのうち306件は中国の企業もしくは個人によるものだという。

これらの特許には、ヘンプの栽培方法や品種改良、製品加工技術などに関するものから医療用大麻関連までさまざまなものが含まれる。たとえば、大麻草の成分と種子を原料とした免役力を高める機能性食品や、桔梗《ききょう》などの薬草と大麻の成分を混ぜて作られる便秘治療薬などもあるという。

中国では4000年以上前から、痛風やリウマチ、マラリア、便秘、生理不順などの治療に大麻が使用されてきたことは第1章で述べたが、その長い歴史と経験が医療用大麻関連の特許取得に役立っていることは間違いないだろう。

そしていま、世界的な大麻解禁の流れに伴い、47カ国が医療用大麻を合法化するなかで、中国が医療用大麻のビジネスに関心を向け始めたとしても不思議ではない。

イギリスを拠点に大麻合法化を求める活動をしている団体「大麻法改正を求める会（C

LR＝Cannabis Law Reform)」のリーダー、ピーター・レイノルズ氏は、「中国人はより賢く、すべての良い考えに取り組んでいる。医薬品としての大麻の可能性は計り知れない」と語っている(「インディペンデント」2014年1月5日)。

つまり、賢くて、医療用大麻の潜在性をよく理解している中国人だからこそ、将来それを解禁する可能性があるのではないか、というふうにも解釈できる。

また、米主要経済誌『フォーブス』は2018年7月30日号で、中国の大麻ビジネスに関する特集記事を掲載し、非常に興味深い分析を行っている。

「中国はつねにリーダーの気まぐれで何かが変わる可能性がある。(中略)中国はもはや祖父母の時代ではない。現在の政権は物事に対して非常に現実的なアプローチを取っている。毛沢東が亡くなってから数十年の間に、中国共産党中央委員会は自国の経済力を世界的なレベルに押し上げるために十分な自由経済の余地をつくった。もし中国指導部が大麻の合法化とビジネスに大きな経済的価値があると判断すれば、その方向に動くだろう」

そして医療用大麻を合法化した場合に役に立つのが、世界一多いとされる大麻関連の特許である。だからこそ、中国は産業用大麻の加工技術などに関するものだけでなく、医療用大麻関連の特許を多く取得しているのではないか。

それともうひとつ重要な点は、中国はすでに産業用大麻の栽培・加工・流通・販売のインフラを確立しているが、それは医療用や嗜好用の大麻ビジネスを行う上でも役立つだろうということだ。

医療用大麻で世界をリードするイスラエル

イスラエルは医療用大麻研究のパイオニアとして注目されているが、そのきっかけは1960年代に大麻の有効成分であるTHCとCBDを特定した研究にさかのぼる。

具体的にはヘブライ大学のワイズマン研究所で大麻の研究をしていたラファエル・メコーラム博士（医療化学）らの研究チームが1964年に、大麻に含まれる100種類以上のカンナビノイドのなかから、精神活性作用のあるTHCを初めて抽出し、もうひとつの主成分のCBDに抗炎症作用や鎮痛作用があることを発見したことだ。

この成果を受けてイスラエルでは医療用大麻の研究が飛躍的に進み、メコーラム博士は「大麻研究の父」と呼ばれるようになった。しかし、そもそも博士はなぜ大麻の研究を始めたのか。１９６０年代当時、若くてチャレンジ精神にあふれた研究者だったというメコーラム博士は、それまで大麻の研究が適切に行われてこなかったことに着目し、大麻成分の構造を明らかにしたいと考えたという。

実際、医療用のモルヒネなどについては多くの研究が行われ、19世紀初めにドイツの研究者が鎮痛薬・催眠薬として使われていたアヘンからモルヒネを分離することに成功したことがわかっていた。ところが、数千年前から中国やインドで医療用に使われていた大麻についての研究はほとんど行われていなかったのである。

当時はイスラエルでも大麻の研究を行うのは容易ではなく、メコーラム博士はまず、研究に使う乾燥大麻の入手方法から考えなければならなかった。そこで、ワイズマン研究所の所長の知り合いだった警察署の幹部に依頼し、薬物事件の捜査で押収した5キロの大麻を特別に譲ってもらったという。研究チームは、「クロマトグラフィー」と呼ばれる物質を分離・精製する技法を駆使して、ＴＨＣとＣＢＤを分離し、特定することに成功した。

さらにメコーラム博士は研究を続け、大麻成分が人体にどのように作用し、治療効果をもたらすのかのメカニズムについても解明した。これについては難しい医学的な説明は省略するが、簡単に言うと、人間は自ら体内でマリファナに類似した作用と構造を持つ物質「内因性カンナビノイド」を作り出し、体のなかの細胞膜に存在する受容体と結合させることでバランスを保っているが、大麻由来のカンナビノイドはそれと同様の働きをすることで、治療効果を発揮するのである。

メコーラム博士の研究が突破口となり、その後、イスラエル国内だけでなく世界中で医療用大麻の研究が進み、多くの患者が恩恵を受けられるようになった。第2章でも述べたように、特に難治性てんかんに苦しむ子供たちにとってはありがたかったに違いない。

メコーラム博士は1970年代から80年代にかけて、CBDについての研究を行い、それにてんかんの発作を抑える効果があることを発見し、論文にまとめた。数十年後、米国人脳神経学者のキャサリン・ジェイコブソン氏はその論文を読み、てんかん発作に苦しめられていた7歳の息子にCBDを服用させたところ、発作が40％ほど減少したという。

ジェイコブソン氏は2016年7月13日のPBSの番組で、

「そこに行き着くまで、長い道のりでした。もし5年か6年前にCBDを服用させていたら、どうだっただろうかと考えずにはいられません。これだけ脳に障害が生じる前に発作を食い止められていたら、いまとは違う状態になっていたかもしれません」と語った。

メコーラム博士の研究は米国でも高く評価され、２０１１年には米国立薬物乱用研究所（ＮＩＤＡ）から、「ディスカバリー賞（Discovery Award）」を授与された。また、２０１６年4月にハーバード大学メディカルスクールで開催された「第１回医療用大麻会議」でも功労賞を授与された。

米国政府は連邦法で医療用大麻を禁止しているにもかかわらず、その有効性や潜在的価値をよく理解しているのか、他国の研究に高い関心を寄せている。特に興味深いのは、連邦政府機関のひとつである米国立衛生研究所（ＮＩＨ）が数十年にわたり、メコーラム博士の研究に補助金などの支援を行ってきたことである（Weedmd.com ２０１５年1月21日）。

米国でもそう遠くない将来、医療用大麻が連邦法で合法化される可能性があることは第2章で述べたが、ＮＩＨが博士の研究を支援してきたのは、その時に備え、大麻研究の第一人者と良好な関係を築いておいた方がよいと考えているからかもしれない。

メコーラム博士も米国の連邦レベルの合法化を望んでおり、「そうなれば、研究のペースも加速するでしょう。皆がそれを望んでいます」と話している（「ＰＢＳニュースアワー」

２０１６年7月13日)。

老人ホームで医療用大麻が使用されている

こうしてイスラエルでは医療用大麻の有効性が認められ、１９９０年代初めに医師から処方を認められた患者に限り、使用が認められた。それから多くの病院や老人ホームで、医療用大麻が使用されるようになった。

２０１５年2月、私はスカイプを使ってテルアビブ郊外にあるハダリン老人ホームに住む作家のモシェ・ロスさん（当時82歳）を取材した。彼に取材しようと思ったのは、第2章で述べたＣＮＮのドキュメンタリー番組のなかで、パイプをくゆらせて大麻を吸っていた彼の姿がとても印象的だったからである。

私が「ＣＮＮをみましたよ」と言うと、ロスさんはにっこり笑って、パイプで大麻を吸う格好を見せてくれた。彼は母国語のヘブライ語の他に英語とフランス語が堪能だというが、英語で医療用大麻を使うようになったきっかけについて丁寧に話してくれた。

２００８年に脳卒中で倒れ、その後遺症で体の痛みや手足の震えに苦しめられるように

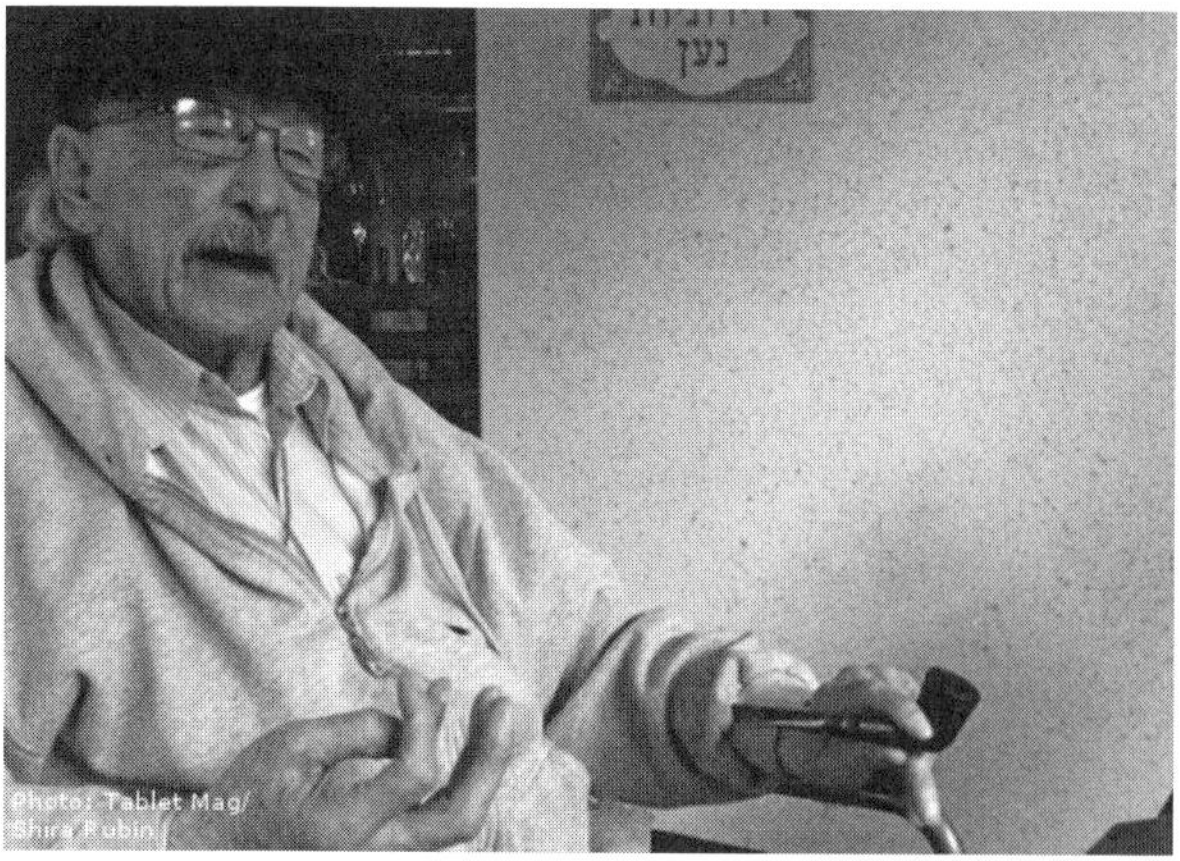

医療用大麻で体の痛みや震えがおさまったというロスさん
（Tikun Olam 提供）

なった。好きなコーヒーのカップも持てなくなって落ち込んだが、最も堪《こた》えたのはパソコンを使って執筆できなくなってしまったことだという。作家としてナチスによるユダヤ人大虐殺などをテーマに本も何冊か出している彼にとって、執筆できなくなることは人生の目的を奪われるのに等しかったからである。

そこでロスさんは老人ホームの看護師に相談し、医療用大麻を試すことにした。少量の乾燥大麻をパイプに詰めて吸ってみると、効果はてきめんに表れた。体の痛みや震えがおさまり、翌日には手でカップを持てるようになり、数日後にはパソコンも操作できるようになった。さらに嬉《うれ》しかったのはホロコーストのトラウマから解放されたことだ。彼は子供の頃、フランスで受けたナチスの迫害のトラウマに長い間苦しめられ、悪夢にうなされて眠れないことが多かったが、大麻を吸うと悪夢をみなくなり、ぐっすり眠れるようになったというのだ。驚くべき効果だった。

実はロスさんは医療用大麻を使用する前はパイプにたばこを詰めて吸うだけで、大麻を吸ったことは一度もなかった。それで最初は少しとまどったが、すぐに慣れたという。

さらに大麻を使用して良かったと思うことは、以前は抗不安薬やオピオイド鎮痛薬などの処方薬を大量に服用していたが、大麻を始めてから、その使用量が大幅に減ったことだという。高齢者の薬の飲み過ぎによる副作用の問題が深刻化していることを考えれば、これは非常に望ましいことだ。

私はハダリン老人ホームのインバル・シコリン看護部長にも話を聞いたが、当時そこには約40人の入居者がいて、その約半数が医療用大麻を使用していたという。そのなかにはがんや認知症、パーキンソン病などを抱えた人が含まれていたが、大麻はがんの疼痛を緩

テルアビブ郊外にあるハダリン老人ホーム（Tikun Olam 提供）

和し、認知症の問題行動（興奮したり、大声を出したり）を抑え、パーキンソン病の運動・歩行障害などの症状改善に役立っているということだった。特に認知症を抱えている人の場合、大声で怒鳴ったり、暴れたりしだすと、世話をするのが大変なので、それを抑えることができれば、介護がやりやすくなって助かると話していた。

シコリンさんはさまざまな病気を抱えた入居者が大麻によって症状を改善させ、処方薬の使用量を減らし、生活の質（QOL）を高めていることについて詳しく説明し、最後にこう締めくくった。

「いくら長生きしても、痛みや苦しみばかりでは楽しくないでしょう。医療用大麻を使用することで痛みを和らげ、食事が美味しく感じられ、気分良く楽しく生きられます。私たちはそのための手助けをしているのです」

日本ではとかく長生きすることばかりが注目されがちだが、苦しみや痛みを抱えて幸福を感じることもなく、ただ生きているだけの老後にどんな意味があるのか、私はイスラエルの老人ホームを取材して改めて考えさせられた。

医療用大麻の国際会議「カンナテック2016」

大麻研究で世界をリードするイスラエルは、2015年に大麻関連の研究者や企業関係者などが中心となり、医療用大麻の国際会議を開催する準備を行う組織「カンナテック」を設立した。会議の目的は、世界中の業界関係者に医療用大麻の研究やビジネス事情、投資の機会、国際的規制などに関する情報を提供すると同時に相互のパートナーシップ（協力関係）を形成し、適切な支援を受けやすくする体制づくりにあるという。

ちなみに「カンナテック」の名称は、100種類以上ある大麻薬効成分の総称「カンナビノイド」と「ハイテク」から取り、「第2のハイテク産業のように爆発的に成長してほしい」との願いを込めてつけられたそうだ。

２０１６年3月にテルアビブとエルサレムの2都市で開かれた第2回会議「カンナテック２０１６」には、米国、カナダ、イギリス、オーストラリア、コロンビア、ブラジル、ウルグアイ、チェコ共和国など世界15カ国から医療用大麻の研究者、企業関係者、投資家、政府関係者など数百人が参加した。基調講演では「大麻研究の父」と呼ばれるメコーラム博士が登壇し、スタンディングオベーションを浴びながら、自身が取り組んだ研究や医療用大麻の無限の可能性などについて話したという。

ニューヨークからこの会議に参加したという投資家のスコット・グレイパー氏は、世界的にも有名なメコーラム博士についてこう語った。

「博士は、何千年も前から人々の間に語りつがれてきた大麻の医療効果の話を、逸話のレベルから真の科学へと引き上げてくれた人です。ＦＤＡが大麻の有効性を認めるようになったのも、彼の功績のおかげなのです」（イスラエルの社会・文化事情などを専門とするメディア「イスラエル21Ｃ」２０１６年3月9日）

会議では全員参加型の講演の他、小グループに分かれて大麻草の栽培方法や品種改良、医療用大麻の研究成果、大麻企業関連の投資などについて議論が行われた。そして会場には、新しく品種改良された大麻草や大麻由来の医薬品などが展示された。

イスラエルの元首相が大麻企業の取締役に

イスラエルの大麻産業投資会社「アイキャン」の創設者で、カンナテックの主催者でもあるサウル・カイ氏は、イスラエルで会議を行う意義や目的について、

「イスラエルの役割は研究開発をリードし、その科学的妥当性を確認して、それを入手するための方法論を確立することです」（同前）と説明した。

つまり、世界トップレベルのイスラエルの医療用大麻の研究成果などを他国の研究者や企業関係者と共有し、活用できるようにする協力体制を作り上げるということだ。それに加え、カイ氏が強調したのは新たに大麻業界に参入する起業家への投資と支援の重要性である。

「この業界は非常に若い。自宅で大麻を栽培したり、吸っていたりした世代から起業家が出てくるかもしれないし、彼らは普通のビジネスマンとは異なる考えを持っているかもし

れない。私たちは時間とお金を投資して、この業界を発展させるための支援をしていきたい」（同前）

また、米国カリフォルニア州から参加したという大麻販売店「ビバリーヒルズ・カンナビス・クラブ」のオーナー、シェリル・シューマン氏は、

「イスラエルは医療用大麻の信頼性、高潔性、顧客、臨床研究などにおける〝グラウンド・ゼロ〟（中心地）です。世界中の大麻関連企業は医療用大麻の有効性についての科学的妥当性を求めており、それを得られるようにするのがこの会議の目的だと思います」と話した。

シューマン氏は自ら卵巣がんを患い、医療用大麻を使用したが、「イスラエルの大麻研究のおかげで命を救われた」と思うくらい感謝しているという。

カンナテックはテルアビブで毎年定例会議が開催される他、それ以外の場所でも年に複数回会議が行われる。たとえば、2018年にはオーストラリアのシドニーや香港で、2019年には南アフリカのケープタウンや中米のパナマで、2020年にはスイスのダボスで開かれた。

2019年にテルアビブで行われた会議では、イスラエル元首相のエフード・バラク氏が、「グローバルな政治と社会における医療用大麻の重要性」というテーマで基調講演を行い、大きな注目を集めた。エルサレムのヘブライ大学で数学と物理学の学士号を、米国のスタンフォード大学で経済工学システムの修士号を取得しているバラク氏は首相退任後、イスラエルの大麻企業「カンドック（Canndoc）」の取締役会長に就任している。

首相を務めた人が大麻企業の会長に就任するというのは少々驚きだが、イスラエルではそれだけ大麻産業が成長し、メインストリームになっているということであろう。

政府が大麻産業の成長戦略を描く

イスラエル政府は医療用大麻を新たな成長産業と位置づけ、積極的な支援を行っている。

2019年11月には経済産業省が主要大麻企業の成長戦略、研究開発の取り組み、投資機会などに関する報告書を発表し、担当者が次のように意気込みを語った。

「この報告書は、政府がかつてサイバーセキュリティ産業や自動車産業などを促進したのと同じように、今後は医療用大麻を促進するという声明です。（中略）政府が積極的に開発したい分野として大麻産業を取り上げるのは初めてですが、私たちはその潜在的価値を把握し、国内のインフラを整え、海外でも販売できるようにします」（「ザ・タイムズ・オブ・イスラエル」２０１９年11月13日）

このような状況のなか、イスラエルの大麻企業は外国企業との業務提携や海外進出を積極的に進めているが、なかでも注目を集めたのは、イスラエル最大の大麻企業「ティクン・オラム（Tikun Olam）」（以下、ＴＯＬ）が２０１６年に米国に進出したことである。ヘブライ語で「世界を修復する」という意味を持つＴＯＬは、大麻によって人々の病気の痛みや苦しみを軽減し、より良い社会を築くことを目標に掲げ、２００６年に設立された。設立当初の4年間、すべての顧客（患者）に大麻製品を無料で提供し、社会貢献活動を実践して注目された。

私がスカイプを使って、ＴＯＬのマーケティング担当者に取材したのは２０１５年2月だったが、同社は当時、イスラエル国内の医療用大麻使用者の約30％を占める５０００人近い顧客を獲得していた。ＴＯＬは大麻草の栽培から大麻製品の製造・販売などを一貫して行う企業だが、特徴的だったのは詳細な顧客データをもとに臨床研究を行い、個々の患

ティクン・オラムの大規模な大麻栽培温室（Tikun Olam 提供）

者の治療に合わせた大麻草の品種改良と製品開発に取り組んでいたことだ。

たとえば、すべての顧客は専門スタッフのガイダンスを受け、個々の病気や症状について話し合った上で大麻の使用法を決める。それから顧客がどんな病気を抱え、どの大麻製品をどのくらいの期間使用したか、その効果を含む詳細なデータを収集し、顧客の治療に役立てる。さらにＴＯＬは国内の大学病院と共同で、医療用大麻を使用した顧客データをもとに臨床研究を行った。

イスラエルNo.1の大麻企業の米国進出戦略

このように医療用大麻の分野で豊富な経験

と実績を持つTOLが米国に進出したのは、非常に興味深いことだ。

大麻ビジネス専門メディア「シヴィライズド（Civilized）」（2019年7月29日）の報道によると、TOLはカリフォルニア州ロサンゼルス近郊のアデラント市に、最先端技術を結集した大麻栽培の温室と大麻成分抽出装置を含む大規模複合施設を建設し、カリフォルニア市場向けの生産を行っているという。

米国ティクン・オラム（Tikun Olam USA）のスティーブン・ガードナー最高マーケティング責任者（CMO）は、

「カリフォルニアでも、イスラエルと同じような生産・加工施設を利用することで、同じレベルのカンナビノイドとテルペン（大麻の香り成分）を使用し、同じレベルの大麻製品を一貫して提供できます」と語っている。

また、ガードナー氏によれば、イスラエルで独自に品種開発した「アラスカ」「ミッドナイト」「オアア」「エレズ」「エラン・アルモグ」「アヴィデケル」の大麻株をカリフォルニアでも栽培し、それをもとに作った大麻製品を現地の顧客に提供しているという。

TOLでは大規模な研究データを使って、さまざまな病気に対する大麻株の効果を調べる臨床研究を行い、品種改良を重ねてきた。その結果、たとえば、アヴィデケルは自閉症患者の症状や生活の質の改善に、エレズやアラスカは不安障害・うつ病の改善に役立つことが示されたという。

ＴＯＬは２００６年の設立以来、２万人以上の顧客の大麻使用歴と病気の進行状況を追跡し、そのデータを収集して大麻株の品種改良や大麻製品開発に役立ててきた。それは同社にとっての経営上の大きな財産であり、米国で医療用大麻ビジネスを展開する上での強みとなるだろう。

同社はカリフォルニア州の他、デラウェア州やフロリダ州などでも事業を展開している。『フォーブス』（２０１９年2月3日号）によると、米国ティクン・オラム科学ディレクターのアナベル・マナロ博士は自社の大麻製品を扱う米国内の販売店を自ら訪問し、スタッフに製品の説明をしたり、臨床研究の報告書や資料を提供したり、事業を展開している州内の医療専門家を対象にセミナーを行ったりしているという。

前出のガードナー氏はこう話す。

「我々は科学に裏づけられた自社の医療用大麻製品を提供しています。我が社の臨床研究の実績が米国の患者と医療業界に受け入れられることを願っています」

米国では医療用大麻の州レベルの合法化は進んでいるが、連邦法で禁止されているため、研究開発が制限された状況が続いている（第2章で述べた）。このようななかで、医療用大麻研究で世界をリードしているイスラエルからきたTOLは、米国の大麻企業よりも有利な立場にあることは間違いない。

第4章

追う欧州、アフリカ、中南米、アジア

（北海道ヘンプ協会提供）

北米や中国、イスラエルなどに続き、欧州、アフリカ、中南米、アジアでも大麻解禁の動きが加速している。欧州の21カ国はすでに医療用を合法化し、12カ国は嗜好用を非犯罪化している。アフリカでは衰退するたばこ産業に代わる新たな成長産業として医療用大麻が注目され、近年、続々解禁が進んでいる。さらに世界で初めて嗜好用大麻を合法化したウルグアイを含む中南米や、大麻規制が比較的厳しいアジアでも医療用を合法化する国が増えている。

オランダから始まった欧州の解禁の動き

欧州諸国は一般的に大麻に対して寛容だが、そのきっかけを作ったのはオランダではないかと思われる。オランダは1976年に「30グラム以下」の個人使用の大麻を非犯罪化し（1995年に「5グラム以下」に変更）、「コーヒーショップ」と呼ばれるカフェでの大麻の購入と吸引を許可した。大麻カフェでは18歳以上の成人は身分証明書を提示すれば乾燥大麻か、紙で巻いた大麻ジョイントを購入でき、店内でコーヒーを飲みながら吸引することも可能だ。また、私的使用の目的であれば自宅で大麻草5株まで栽培できる。

非犯罪化とは、刑事罰を科さずに駐車違反の反則金程度で済ませることだが、オランダの場合は反則金も科さないので、実質的な合法化と言ってもよいかもしれない。オランダ政府が、「正確には合法化ではなく、非犯罪化である」と主張しているのは、近隣諸国への配慮からではないかと言われている。

オランダが大麻を非犯罪化したのは、1960年代から70年代にかけてのカウンターカルチャー運動の広がりなどで、若者のハードドラッグ（ヘロインやコカインなど）の乱用者が急増し、対応に苦慮していたことがあったからだ。前にも述べたように、ハードドラッグは非常に危険であり、過剰摂取すると死に至る可能性もある。

そこで、オランダ政府は比較的害の少ない大麻などのソフトドラッグと、非常に危険なハードドラッグを分けて対応することで、ハードドラッグの乱用者を減らすことができないかと考えた。具体的には大麻を非犯罪化してカフェでの販売を許可することで、若者が闇市場の密売者（多くはヘロインやコカインなども扱っている）と接触しなくても大麻を入手できる道筋をつけたのだ。それと同時にオランダでは、薬物乱用者が医師や福祉の専門家から必要な支援を受けられる体制づくりにも力を入れ、その結果、ハードドラッグの乱用・依存者の数を大幅に減らすことに成功した。

2003年のEU委員会の報告では、人口1000人あたりの重度の薬物依存者の割合がオランダはEU諸国のなかで最も低く、薬物の過剰摂取による中毒死の割合も2番目に低くなったという。

オランダの大麻政策は他の欧州諸国にも影響を与え、その後、スペイン、ポルトガル、スイス、ベルギーなどが嗜好用大麻を非犯罪化した。欧州人権条約（ECHR）の2015年の報告書は、「EUにおいては、他人を傷つけない場合の薬物使用は違法であってはならない」と述べ、実質的に大麻解禁に向けた動きを後押ししている。

大麻関連ビジネスの情報サイト「カンナビス・ビジネス・プラン（CBP）」は、2020年2月時点で、欧州で嗜好用を非犯罪化した国は12カ国にのぼるとし、ルクセンブルクは2021年に嗜好用を合法化する欧州初の国になるだろうと予測している。

医療用大麻でも同様の動きが進み、欧州の21カ国はすでに何らかの形で医療用大麻を合法化している。イタリアは２０１３年に医療用を合法化し、ドイツは２０１７年に合法化して医療用大麻プログラムの分野で欧州でのリーダー的な地位を確立。この他、クロアチア、チェコ共和国、デンマーク、ギリシャ、フィンランド、ポーランドなども合法化している。

さらに２０１８年３月、イタリアのシチリア島の南に位置するマルタ共和国が医療用大麻を認可し、６月にはルクセンブルクが医療用大麻を合法化する法案を全会一致で可決。２０１９年に入ると、キプロス共和国が医療用大麻の自宅での栽培と使用を認可し、アイルランドは医療用大麻の試験的プログラムを導入した。さらにイギリスは医療用大麻使用患者専用の登録プログラムを開始したという。

欧州44カ国の人口を合わせると、７億４３００万人にのぼり（２０２０年９月、Statista）、米国の２倍以上、カナダの約20倍となる。この人口規模を考えれば、欧州の大麻解禁の動きが世界の大麻市場に与える影響はけっして小さくないことは容易に想像できる。

イギリスのGW製薬が大麻由来の治療薬を開発

欧州各国で医療用大麻が合法化された時期や経緯は異なるが、イギリスの場合は特に興味深い。

イギリス政府は2018年11月、大麻の規制を見直して医療用大麻を合法化した。これによって患者は医師の処方があれば大麻を使用できるようになった。政府の担当閣僚はその数年前から、医療用大麻の合法化を求める患者や家族に面会したりして検討していたようだが、そのなかには重度のてんかんを抱えた6歳の少年とその母親も含まれていた。

2018年6月、少年の母親と面会したサジド・ジャビド内相（当時）は、「子を持つ親として、我が子が苦しむ姿ほどつらいものはないことを知っています。親はどんな方法を使っても、痛みをとってやりたいものです」（「BBCニュース」2018年6月19日）と、患者に寄り添う姿勢を示した。

こうしてイギリス政府はてんかんや多発性硬化症の患者・家族などの求めに応じる形で医療用大麻を合法化したが、私が特に注目するのは、それよりずっと前から、特定の製薬会社に大麻治療薬の研究開発を行うのを許可していたことだ。

それが「GWファーマシューティカルズ（GW製薬）」だが、第2章で述べた通り、CNNの番組「WEED2」（2014年3月）で、レポーターを務めたサンジェイ・グプタ氏がイギリスにある同社を取材していた。

GW製薬はロンドンから車で数時間の位置にある農村部に大規模な大麻生産施設を持つが、グプタ氏はそこへ向かう車のなかでこう話した。

「私たちはいま、GW製薬へ向かっています。イギリス政府の特別な許可を得て、大麻成分を使った医薬品を開発している会社です。秘密保持のためにそれがどこにあるのかを伝えることはできません。イギリスでも大麻の栽培は禁止されていますが、これから訪ねる秘密の場所ではそれが認められているのです」

GW製薬の生産施設にはサッカー場ほどもある広い温室があり、そのなかで大量の大麻草が栽培されていた。

グプタ氏は「本当にすごいですね」と驚きの声をあげ、「（大麻草の）匂いを感じます。テレビでこの匂いを伝えられないのが、残念です」と続けた。

温室内の照明や温度、湿度などはすべてコンピューターで管理され、そこでは数十人の研究者が働いていた。

グプタ氏は主任研究者のジェフリー・ガイ博士にマイクを向け、「これほど多くの大麻草をみて、何を思いますか？」と尋ねると、彼はこう答えた。

「そうですね。25年後、30年後の次世代の医薬品の形がみえます。大麻には多くの成分が含まれていますが、その成分一つ一つに新薬の可能性が秘められているのです」

GW製薬はこの時点ですでに、大麻抽出物を主成分とした多発性硬化症の治療薬「サティベックス」の開発に成功していた。これは溶液タイプで、スプレー投与器を使って口腔《こうくう》内に投与する。サティベックスは２０１４年４月時点で、欧州やイスラエル、カナダなど25カ国で、２０１６年には30カ国で承認されている。

ＣＮＮの番組は、ＧＷ製薬の臨床試験で実際にサティベックスを使用して、多発性硬化症の症状が著しく改善したという女性患者について報じた。彼女は筋肉の痛みや全身の倦《けん》怠感《たいかん》を抱え、処方薬を服用していたが、その副作用がひどかったため、新聞でサティベックスの臨床試験について知り、参加したという。

彼女はこう話した。

「私は小さい頃からいつも母に、〝薬物はけっしてやるな〟と言われていたんです。でも、多発性硬化症の症状がひどくて不安と絶望感に襲われ、大麻治療薬の治験に参加することにしました。このスプレー式の溶液を日に数回服用するだけで、全身の筋肉の痛みが和らぎ、夜もぐっすり眠れるようになったのです……」

ＧＷ製薬はその後、大麻抽出物を主成分とした難治性てんかん治療薬「エピディオレックス」の開発にも成功した。エピディオレックスは２０１８年６月に米食品医薬品局（ＦＤＡ）によって承認され、世界ではおよそ30カ国で承認されている。

同社は他にも神経膠腫《こうしゅ》や２型糖尿病などの治療薬の開発にも取り組んでいるというが、ガイ博士が語った、「大麻の成分一つ一つに新薬の可能性が秘められている」という言葉を実証しようとしているように思える。

それにしても、イギリス政府はなぜ医療用大麻を合法化する前に、ＧＷ製薬に大麻草の栽培と研究開発を許可したのだろうか。

その理由は定かではないが、わかっているのは、ＧＷ製薬は１９９８年に革新的な医薬品の開発に取り組んでいた2人の研究者、ジェフリー・ガイ博士とブライアン・ホイットル博士によって設立されたこと。そして、同社が設立と同時にイギリス政府（内務省）から、大麻抽出成分を使った医薬品の研究開発を行うための大麻草の栽培許可を得ていたということである。

つまり、GW製薬は大麻由来の医薬品を開発するために設立された会社であり、イギリス政府もそれを認めたということだ。政府がなぜそうしたのかといえば、医療用大麻の有効性を信じていたからではないか。結果的にその判断は正しかったことになり、GW製薬が開発した治療薬によって多くの重病患者が救われているのである。

ある調査によれば、2024年までにイギリス国内の医療用大麻の使用者は国民の0・5％にあたる約30万人に達し、その売上高は約13億ドル（約1378億円）になると予測されている。

欧州の自動車メーカーが車体にヘンプを使用

欧州では医療用と嗜好用に加え、産業用大麻のヘンプ市場も急速に拡大している。前出のCBPによれば、ほとんどのEU加盟国はヘンプを合法化しているが、生産は主にフランス、オランダ、リトアニア、ルーマニアの4カ国に集中し、特にフランスは主要生産国であり、欧州の総生産量の50%近くを占めているという。

2018年12月にヘンプを合法化した米国と異なり、欧州にはヘンプを繊維や建材などに使用してきた長い歴史があるが、最近は自動車への用途が増えているようだ。ドイツのダイムラーやBMW、フランスのブガッティなど欧州の主要自動車メーカーが車体パネルや内装用品などにヘンプを使用しているのである。

2017年3月8日の「ザ・ニュー・エイジ・ヘンプ・タイムズ」は、「メルセデス・ベンツ・Cクラスには30以上の内装用品などにヘンプ繊維が使われ、1台あたりのヘンプ素材の総量は20kgを超える」と報じている。

ヘンプで作られた車体パネルはスチール鋼製のものより軽くて強靭《きょうじん》で、10倍の衝撃に耐えられることが実証されているという。

ヘンプの天然繊維を使って自動車を作ることを最初に考え、実行したのは米国のフォード・モーターであることは第1章で述べた。フォードは1941年、革新的技術を駆使してヘンプ繊維などで作った車体の試作車を完成させたが、その時に車体の強度を示すためにわざとハンマーで叩《たた》き、へこみができないことを確認してみせたというのは有名な話だ。

１９４１年といえば、米国が第二次世界大戦に参戦した年だが、当時、１９３７年に制定されたマリファナ課税法によってヘンプの栽培は実質的に禁止されていた。しかし、米農務省（ＵＳＤＡ）が開戦直後に出した特例措置によって、米国の農家は軍事関連製品の生産に役立つヘンプを積極的に栽培するように促された。ところが、１９４５年に戦争が終結すると、その措置は撤廃され、マリファナ課税法によってヘンプ栽培は再び禁止され、フォードのヘンプカーを実用化するという夢も断たれてしまった。しかし近年になって、欧州を代表する自動車メーカーが相次いで、ヘンプ繊維を大量に使った自動車を作るようになったのである。

ヘンプは生育する過程で大気中からCO_2を吸収し、それを酸素に変換して放出するので、温室効果ガスを減らすことができる。つまり、ヘンプカーの生産は地球温暖化問題の改善に役立つということだ。だから、ＥＵは環境保護の観点から、ヘンプの天然繊維やヘンププラスチックを自動車の素材に使うことを奨励しているのである。

ヘンプは繊維や建材などの他に、健康食品や医薬品、化粧品などのＣＢＤ（カンナビジオール）製品の主要原材料としても使われている。ＣＢＤ製品にはヘンプ草だけでなくマリファナ草を原料にして作られるものもあるが、マリファナにはＴＨＣ（テトラヒドロカンナビノール）が多く含まれているため、医療用大麻が合法化されていない国や地域では生産・販売が認められない可能性がある。一方、ヘンプをもとに作られたＣＢＤ製品はＴＨＣ含有量が０・３％未満（欧州は０・２％、それ以外の国は０・３％）に抑えられているので、産業用大麻が合法化されている国や地域であれば生産・販売が可能である。

調査会社「オリアン・リサーチ・グループ（ＯＲＧ）」によれば、欧州のＣＢＤ市場の規模は、２０１９年に4億５０００万ユーロ（約５６７億円）で世界のＣＢＤ市場シェアの31％を占め、40％のシェアを持つ北米に次いで2位となっている。

アフリカ諸国が次々と医療用大麻を合法化

大麻解禁の動きはアフリカ大陸にも広がり、近年衰退しているたばこ産業に代わる新たな成長産業として、医療用大麻が注目されている。この数年で、ジンバブエ、ザンビア、マラウイ、ガーナ、レソト、南アフリカが医療用大麻を合法化しているが、その背景に何があるのか。

アフリカ南東部に位置し、人口約1800万人の8割近くが農業に従事するマラウイは2020年2月、大麻の栽培を禁止した法律を改正し、医療用大麻の生産・販売を合法化した。

マラウイのコンドワニ・ナンクムワ農業大臣は、「大麻の合法化は経済の多様化を促進してくれる。特にたばこの輸出が減少しているいま、輸出を促進し、経済成長を促してくれる産業が必要だ」と述べた（「アフリカニュース」2020年2月28日）。

マラウイ政府は新たに大麻管理局を設置し、そこで大麻の栽培・加工・流通・販売・輸出業者へのライセンスの付与や、科学的な研究開発を行う企業や研究機関の管理を行うこととした。

年間日照時間が長いアフリカの気候は大麻草の栽培に適しており、良質の大麻ができるというが、特にマラウイ産大麻の質の良さは海外でも有名で、かなりの輸出量が期待できるのではないかと言われている。

マラウイのように経済的な理由から医療用大麻を合法化する国は多く、ザンビア、レソト、ジンバブエなどもそうだ。

２０１９年12月に合法化したザンビアは当時、巨額の財政赤字を抱え、債務負担が増大していた。２０１８年末の対外債務が前年の87億４０００万ドル（約９２６４億４０００万円）から１０５億ドル（約１兆１１３０億円）に増加したことで、国が債務危機に直面する懸念が高まった。

ザンビアの野党・緑の党のピーター・シンカンバ党首はその数年前から、大麻の海外輸出を許可するように提案していたが、政府はそれを受け入れる形で医療用大麻を合法化したのである（同前）。

また、２０１７年にアフリカで初めて医療用大麻を合法化したレソトは、世界で最も貧しい国のひとつとされ、２０２０年発表の国連の人間開発指数（ＨＤＩ：平均寿命、教育、識字および所得指数の複合統計）で、１８９の国・地域のうち１６５位にランクされた。失業率は高く、政府が提供する公共サービスは不十分で、人口のほぼ４分の１はＨＩＶに感染しているという。

レソト保健省のマンサビセング・ホーヘリ副大臣はAFP通信に対し、「医療用大麻の合法化は年間300日の日照を誇る我が国にとって、大きなビジネスチャンスになるでしょう」と語っている。

このようにアフリカ諸国が新たな経済成長のチャンスを強く求める背景には、マラウイの農業大臣も指摘しているように、アフリカの主要農作物だったたばこ産業の衰退がある。アフリカ諸国はこれまでたばこの主要生産国だった。しかし、最近の世界のたばこ市場をみると、消費量が増えているのは中国とインドネシアくらいで、ほとんどの国は健康に有害であるとして、たばこの消費を抑える政策をとっており、たばこ産業は衰退の一途をたどっている。アフリカの農家の多くはたばこ生産に頼ってきたために、これからは大麻など他の農産物にシフトしなければならないのである。

裁判所が大麻の個人使用を認めた南アフリカ

実はアフリカでは大麻は長い間、違法に栽培され、闇市場の大きな収入源になっていた。その点では大麻生産は新しい産業ではないが、以前との違いは闇市場から合法市場にシフトしたことである。

国連が2007年11月に発表した報告書「アフリカにおける大麻（Cannabis in Africa)」によれば、2005年にアフリカ全体で1万5000トンの大麻が生産され、それは当時の世界の大麻生産量の約25%を占めていた。そして、1995年から2005年までの間にアフリカ53カ国のうち、19カ国で「大麻の栽培」が報告され、35カ国で「大麻の押収」が報告されたという。

先述したようにアフリカの気候は大麻栽培に適しており、医療用大麻が合法化されるずっと前から、大量の大麻が違法に生産されてきた。

アフリカでは長い間、健康リスクなどを理由に大麻は禁止されてきたが、その結果、闇市場が拡大し、海外への密輸もさかんに行われていた。結局、薬物を禁止すると、逮捕のリスクをプレミアム（価格に上乗せ）にして儲《もう》ける違法業者がはびこることになるようだ。

しかし近年、世界的に医療用大麻の合法化が進み、治療効果や安全性が実際に示されたことで、アフリカ諸国でも医療用大麻への理解が広がり、合法化が進んできた。医療用大麻を合法化すれば、経済成長や税収増、雇用創出につながり、闇市場が縮小し、しかも人々の病気の治療や健康増進に役立つ。つまり、大麻を禁止し続けるよりも合法化する方がメリットは大きいということだ。

それと、もうひとつ興味深いのは、大麻の全面解禁に向けた南アフリカの動きである。南アフリカでは２０１０年代前半から、大麻の個人使用に関する法律改正を求める動きが活発化し、大麻の合法化を求める活動家らによる大規模なキャンペーンや街頭デモが行われていた。そして２０１４年に連邦議会に野党議員から合法化を求める法案が提出され、ずっと審議されてきた。このような状況を受けて、憲法裁判所が２０１８年９月に、「大麻の個人使用は合法である」との判断を下したのだった。

この裁判で、レイモンド・ゾンド副裁判長は「プライバシーの権利は家や個人の住居に限定されない。したがって、成人がプライベートスペース（私的な空間）で大麻を使用したり、所持したりすることは刑事犯罪にはならない」と述べた。つまり、裁判所が大麻を私的に所持・使用する個人の権利を認めたわけで、これは実質的な嗜好用と医療用の大麻の合法化である。

南アフリカの憲法裁判所の決定は他のアフリカ諸国にも影響を与える可能性があり、今後は医療用だけでなく嗜好用大麻の非犯罪化ないしは合法化が進むことも予想される。

世界で初めて嗜好用大麻を合法化したウルグアイ

「世界一貧しい大統領」として知られたホセ・ムヒカ元大統領で有名な南米ウルグアイは、2013年12月、世界で初めて嗜好用大麻を合法化した。これによって医療用と嗜好用を含む大麻使用と、自宅で6株までの大麻栽培が可能となった。

収入のほとんどを寄付して質素な生活を続けるなど独特のスタイルで注目されたムヒカ大統領（当時）は合法化の理由について、「大麻の生産と流通を政府の管理下におくことで、麻薬組織の資金源を断ち、犯罪を減らし、治安を改善することにある」と説明した。しかし、国連の麻薬単一条約で危険な薬物に指定されている大麻の個人使用を合法化することに対しては、「国際麻薬統制委員会（INCB）」が「国際条約に違反している」と主張するなど、国際的な批判が相次いだ。

それでもウルグアイの中道左派の与党「拡大戦線（FA）」を率いるムヒカ大統領は、国内の大麻合法化を求める人々の要望に応えることを優先した。開放的でリベラルな風潮の強いウルグアイはもともと大麻に寛容で法規制は比較的緩く、合法化を支持する人は少なくなかった。それに加えてその数年前に、当時66歳の作家で知識人のアリシア・カスティーリャ氏が自宅で大麻を栽培したとして逮捕されたことに対する抗議運動が盛り上がりをみせ、合法化への機運は最高潮に達していた。

このような状況のなかで、大麻の個人使用が合法化されたわけだが、興味深いのは翌2014年の総選挙で、ムヒカ大統領の与党が勝利したことだ。それはつまり、大麻合法化を含めてムヒカ大統領の政策が支持されていたという証拠でもある。それでは、合法化が実現した後の国内の社会状況はどうなったのか。

中南米諸国を視聴対象とするテレビ局「テレスール（teleSUR）」の報道によれば、ウルグアイで大麻が合法化されてから2017年までに、麻薬関連の犯罪は20％減少したという（「グリーン・アントレプレナー」2018年2月6日）。

その後、2018年と2019年に犯罪は少し増えたが、それは大麻合法化によって闇市場の売上が減り、麻薬組織同士の対立が激化したことが一因になったとみられるという。つまり、合法化の後、麻薬組織の資金源は着実に減っているということだ。

また、合法化の反対派グループが主張していた「若者の大麻使用者が増える」との懸念については、合法化によって高校生の使用者が増えることはなく、大麻を初めて使用した年齢（開始年齢）が下がることもなかった。それから成人の使用者は少し増えたが、増加率は合法化する前の割合とほぼ同じだったという（「マリファナ・ビジネス・デイリー」２０２０年７月24日）。

大麻合法化は闇市場の資金源を減らすと同時に合法市場の収入を増やし、大麻の生産、流通、販売などに関する雇用も生み出すなどさまざまなメリットをもたらしているが、今後注目されるのは他の国への影響である。

ウルグアイの国家麻薬局（ＮＤＡ）長官を務めていたディエゴ・オリベラ氏は、大麻を合法化したことについてこう述べている。

「合法化の反対派によって懸念されていた問題はどれも起こらなかった。（中略）ウルグアイの後に続くことを検討している他の国々は、南米の新しい大麻市場と、２０１８年に嗜好用を合法化したカナダの市場を注意深く見守っているだろう。両国の合法化が成功すれば、世界中の大麻の規制および法律の進化に影響を与える可能性がある」（同前）

オリベラ氏が予測したことは、中南米の国ではすでに現実となっている。

中南米は世界の大麻市場の主要供給国を目指す

ウルグアイの大麻合法化は中南米諸国に規制緩和の波を起こし、2015年から2017年の間にメキシコ、コロンビア、アルゼンチン、ペルー、パラグアイ、チリなどが医療用大麻を合法化した。また、ジャマイカは2015年に嗜好用を非犯罪化し、自宅で大麻草5株までの栽培を認め、医療目的の使用も許可した。

中南米は大麻草の生育環境が良く、人件費など生産コストが安いこともあり、しだいに世界の大麻市場の主要なサプライヤー（供給国）として注目されるようになり、海外の企業や投資家の資金がどんどん流れ込むようになっている。

中南米のビジネス情報サービス会社「ビズ・ラテン・ハブ（BLH = Biz Latin Hub）」が2019年5月に発表した報告書によれば、カナダの大麻企業最大手のキャノピー・グロースが2018年7月にラテンアメリカの現地法人を設立した。また、別のカナダ大麻企業のアフリアは1億9300万ドル（約204億5800万円）相当の価値のある、ジャマイカ、アルゼンチン、コロンビアにまたがる大麻ビジネスネットワークを買収した。キャノピー・グロースとアフリアの両社はラテンアメリカをビジネス戦略上の重要地域とみなし、事業拡大計画を進めているという。

ラテンアメリカの人口を合わせると約6億5400万人に達し(Worldometers、2020年)、北米よりも多く、この人口規模も海外の大麻企業や投資家にとって潜在市場としての価値を高めているようだ。

それではBLHの報告書を参考にしながら、中南米各国の医療用大麻ビジネスの現状をみてみよう。

2017年に医療用大麻を合法化したコロンビアは、安い生産コストや良好な気候に加え、法制度が整備され、地理的条件も良いため、グローバル市場において競争力を維持し、大麻産業は活況を呈している。また、ペルーも世界の大麻市場の主要な供給国としての条件がよく整い、コロンビアと似たような状況にあるという。

メキシコは2017年6月に医療用大麻を合法化し、THC1%未満の大麻製品の消費、販売、輸入および研究目的の大麻草の栽培を許可した。人口約1億2900万人(202

0年）を擁するメキシコは、多くの医療用大麻の潜在的顧客を抱えており、ラテンアメリカの主要な大麻消費市場のひとつになると予想されている。そのため、カナダの大手大麻企業がメキシコの新興市場への参入を狙っている。

嗜好用を合法化したウルグアイは医療用の分野でもビジネスを推進し、世界の大麻市場の輸出ハブ（拠点）を目指している。国内の医療用大麻最大手の「シルバーピーク・ライフ・サイエンス・ウルグアイ社」は２０１９年に投資銀行から３５００万ドル（約37億１０００万円）の資金を得て、大規模な大麻成分抽出施設を作り、生産量を４倍に増やす目標を掲げている。

またＢＬＨの報告書によれば、ウルグアイの医療用大麻製品の年間輸出額は２０２４年までに10億ドル（約１０６０億円）に達すると推定されている。

２０１９年５月９〜11日、コロンビアで医療用大麻の国際ビジネス会議「エキスポ・カンナビズ２０１９」が開催され、中南米の大麻関連企業の幹部やそれ以外の国々の大麻企業の関係者、投資家などが参加し、活発な情報交換が行われた。中南米諸国はどこまでも医療用大麻ビジネスの促進に積極的である。

医療用に続いてメキシコが嗜好用大麻の合法化法案を可決

ウルグアイは２０１３年に嗜好用大麻を合法化した世界初の国となり、カナダは２０１８年に「Ｇ７」先進7カ国のなかで初めて嗜好用を合法化。そしてメキシコは２０２１年に嗜好用を合法化する世界3番目の国になる可能性が高まった。

メキシコの嗜好用大麻の合法化に関する決定は最高裁判所によって行われた。最高裁が２０１８年10月31日、「大麻を私的に使用することを禁止するのは憲法に違反する」との判決を下したのである。これによって、メキシコ政府が１９２０年に制定した大麻禁止法は執行不能となった。

近年の世界的な大麻解禁の流れはこの国にも影響をおよぼしていた。メキシコは２００9年に少量の大麻所持を非犯罪化したが、それ以降、嗜好用の合法化を求める機運が高まった。このような状況のなかで、最高裁が国民の要望に応えるような決定を下したとも言える。

この判決を受けて、メキシコ政府は一定期間内に嗜好用大麻を正式に合法化するための行動を取らなければならなくなった。当初は2019年10月までに法制化されると思われたが、議会での法案作成と審議の調整に手間取ったり、新型コロナウイルス感染拡大の影響などで議会審議が延期され、大幅に遅れてしまった。

そして2020年11月19日、議会上院が嗜好品としての大麻使用を認める法案を賛成82、反対18の圧倒的多数で可決した。合法化の目的を違法取引の抑制や麻薬カルテルの勢力を削《そ》ぐこと、治安の改善などにすえたことで、野党議員の多くも賛成に回り、この票差になったようだ。続いて2021年3月10日、法案は下院でも賛成316、反対129で可決され、その後、詳細を詰めるために上院に戻された。修正案は上院で可決され、大統領の署名を経て成立する見通しだという。

合法化されれば、成人の大麻使用、28グラムまでの所持、自宅での一定量の栽培、さらに認可を受けた業者による成人への販売が許可される。メキシコ政府は嗜好用の合法化によって年間約12億ドル（約1272億円）の税収増と、警察の取締りなど法執行経費約2億ドル（約212億円）の節約を見込んでいるという。

メキシコの嗜好用大麻合法化は世界の合法大麻市場に大きな影響を与えると思われる。

メキシコの人口（約1億2900万人）はこれまで合法化されたウルグアイの約345万人、カナダの約3790万人より圧倒的に多く、世界の嗜好用大麻市場の人口規模は一気に4倍以上に増えることになる。また、州レベルの嗜好用大麻合法化が進む米国は、連邦レベルで合法化したカナダとメキシコに挟まれる形となり、これによって米国内で連邦レベルでの合法化を求める機運が高まることも予想される。

規制の厳しいアジアでも韓国とタイが医療用大麻を合法化

これまで述べてきた世界的な大麻解禁の動きとは異なり、アジアでは依然として大麻をタブー視し、所持や使用に厳しい刑事罰を科している国が少なくない。

たとえば、シンガポールでは大麻の所持・使用で有罪になった者は10年以下の懲役と2万シンガポールドル（約158万円）の罰金刑を受ける可能性があり、また、インドネシアでは4年以上の懲役と罰金刑に処せられる可能性があるという（「タイ・エンクワイアラー」2020年4月20日）。

しかし、そのアジアでも最近、大きな変化が起きている。

まずは韓国が医療用大麻の合法化に向けて動き出した。韓国の食品医薬品安全省（MFDS）は2018年7月、てんかん、エイズ、多発性硬化症、がんなどの患者を対象に大麻由来の治療薬の使用を認める決定を下した。それから同年11月、韓国の国会は大麻の医療目的の使用を許可するための麻薬取締法（NCA）改正案を可決し、翌2019年3月に医療用大麻を正式に合法化した。

その後、韓国は大麻由来のてんかん治療薬「エピディオレックス」、多発性硬化症の治療薬「サティベックス」、抗がん剤治療の吐き気止めやエイズ患者の食欲不振・体重減少の治療薬「マリノール」や「セサメット」などを海外から輸入し、患者に提供している。それによって治療の選択肢を広げるのが目的だという。

しかし、韓国の医療用大麻の合法化はあくまで部分的なもので、カナダや米国の一部州のように患者に大麻草の栽培や使用を許可するものではない。韓国では引き続き、医療目的か嗜好目的かに関係なく、大麻の所持・使用で有罪判決を受けた者は、5年以下の懲役もしくは4万4000米ドル（約466万円＝約4725万ウォン）以下の罰金を科せられる可能性がある（同前）。

上院で否決されてしまった。その大きな理由は、「治療を言い訳にして大麻の違法な栽培や使用が増えるのではないか」との懸念が示されたことだ。それに加えて、厳しい麻薬撲滅対策を進めるロドリゴ・ドゥテルテ大統領が法案署名に慎重な姿勢を示したことも合法化の障壁となった。

２０１９年７月、同法案を再提出したアントニオ・アルバーノ議員は、「乱用を防止するためのセーフガードが多く盛り込まれています」と語り、「大統領が再考することを期待します」と述べた（「ニッケイ・エイジアン・レビュー」２０１９年７月９日）。

その後、フィリピンの医療用大麻をめぐる状況は急展開をみせた。２０２０年１月、薬物政策を決定する政府機関「危険薬物委員会（ＤＤＢ）」が、「ＴＨＣの含有量が０・１％未満の大麻由来の医薬品の使用を許可する」と発表したのだ。これには、韓国で承認されたてんかん治療薬「エピディオレックス」も含まれる。ＤＤＢは「これは緊急措置であり、医療用と嗜好用の大麻は引き続き違法である」と強調したが、これは医療用大麻の事実上の部分的合法化とも言えるものである。

フィリピンがこのような措置に踏み切った理由としては主にふたつ考えられる。ひとつは議会下院の強い支持を受けて、合法化の機運が高まっていることだ。元大統領で下院議長も務めたグロリア・マカパガル・アロヨ氏は、医療用大麻が合法化されている国に住んでいた時の自身の使用経験も踏まえて治療効果を確信し、合法化を強く求めており、近いうちに実現する可能性は高いとみられている。

もうひとつは、経済的なメリットである。約1億9００万の人口を抱え、英語圏のカナダや米国のサプライチェーン（製品の調達・流通・販売など）の分野で深いつながりを持つフィリピンが医療用大麻を合法化すれば、国内の生産、販売だけでなく、海外の大麻企業との取引による収益増加が期待できる。実際、合法化を支持する国会議員や経済の専門家のなかには、先に合法化したタイに後れを取りたくないという意識もあるようだ。

同様に、インドでも合法化に向けた動きが強まっている。

大麻はインドの社会や文化と深くつながり、人々の日常生活のなかに入り込んでいることは第1章でも述べたが、この国では１９８０年代半ばまで、医療用と嗜好用を含めた大麻の使用が法律で認められていたのである。しかも、政府が運営する店で大麻が販売されていたという。

しかし、1961年に採択された国連の麻薬単一条約で大麻が最も危険な薬物に指定されてから、大麻禁止に向けた世界的な動きが始まった。それでもインドはずっと大麻を合法のままにしていたが、米国のニクソン政権が主導した厳しい薬物対策キャンペーン「麻薬戦争」の強い圧力を受け、ラジブ・ガンジー首相（当時）は1985年、嗜好用と医療用の大麻使用を禁止した「麻薬および向精神薬取締法（NDPSA）」を制定した。

ところがその数十年後、世界的な大麻解禁の流れが始まり、インドでも2010年代半ば頃から、医療用大麻の合法化を求める動きが強まった。医療用と産業用の大麻の合法化を推進するNPO団体、「インドの偉大な合法化運動（GLMI＝Great Legalisation Movement India）」が創設され、ムンバイ、デリー、プネ、バンガロールなど各地で医療用大麻の教育啓発セミナーが開催された。合法化に必要なNDPSA改正についての議論もさかんに行われるようになり、大手メディアもそれに関する記事を多く掲載したという（「ザ・タイムズ・オブ・インディア」2020年8月29日）。

そして2017年に、インド議会に医療用大麻の合法化を求める法案が提出された。これは可決には至らなかったが、同年4月、インド政府は初めて、ボンベイ・ヘンプ社（B

OHECO）と科学産業研究評議会（CSIR）に対し、共同で医療用大麻の栽培と研究開発を行うことを許可した。一部のメディアは、「この共同研究は合法化への道を開く可能性がある」と報道している。

今後急成長が予測されるアジアの合法大麻市場

このようにアジアでも大麻の合法化に向けた動きが加速しているが、アジア全体ではまだ、大多数の国で禁止されたままである。

しかし、国際的な大麻関連業界向けのコンサルタント会社「プロヒビッション・パートナーズ（PPS）」は、「アジアの医療用大麻市場は2024年までに58億ドル（約6148億円）規模になる」と予測している。

PPSがその大きな理由としてあげているのは、アジア地域内で急速に進行している高齢化である。つまり、高齢化によって各国の医療費増大が懸念されているが、高齢者特有のさまざまな病気の治療に効果があるとされる医療用大麻を合法化することで、この問題の解決に役立つと同時に合法大麻市場の成長が期待できるというわけだ。

米国のNBCテレビの子会社で経済ニュース専門チャンネルであるCNBCは2019年7月14日の「医療用大麻はアジアで勢いを増している」と題するレポートのなかで、世界一高い日本の高齢化率や医療費増大の問題について述べ、「日本は医療用大麻の巨大な消費市場になる可能性が非常に高い」と報じた。もちろん日本が医療用大麻を合法化した場合の仮定の話だが、非常に興味深い指摘である。

CNBCはまた、約14億の人口を抱える中国についても今後高齢化が急速に進むことが予想され、将来の医療用大麻の巨大市場になる可能性があることを指摘した。

中国は産業用大麻の世界一の生産国となっているが、アヘン戦争のトラウマもあって、精神活性作用のあるTHCを比較的多く含む医療用と嗜好用の大麻を禁止していることは第3章で述べた。しかし、CNBCの報道によれば、中国では最近医療用大麻への関心が高まっており、政府の奨励を受けて研究調査が積極的に行われている。また、2018年11月には香港で初めて、「カンナビス（大麻）投資家シンポジウム」が開催され、中国の投資家が多く参加したという。

アジアの医療用大麻市場の急成長が予測されるもうひとつの理由として考えられるのは、

欧米諸国などで大麻解禁が進んでいる状況とも共通するが、大麻を厳しく取り締まる政策、いわゆる「麻薬戦争」がうまく機能していないことが人々の間で広く認識されるようになってきたことだ。

象徴的なケースは、マレーシアではないかと思う。1952年に制定された危険薬物法（DDA）に基づき、200グラム以上の大麻所持で有罪となった者は死刑に処せられる可能性があるという、アジアのなかでも特に厳しい刑罰を科しているマレーシアに最近、変化の兆しが出てきたのである。

2019年6月、ズルキフリ・アフマド保健相（当時）が、「麻薬は多くの人の命を奪いましたが、政府の誤った麻薬政策はさらに多くの人の命を奪いました。過去40年間の〝麻薬戦争〟が機能しなかったことは明らかです。大麻の非犯罪化が必要です。医療用大麻の合法化は〝ゲームチェンジャー〟になるでしょう」との声明を発表し、医療用大麻の合法化を示唆したのだ（CNBC、2019年7月14日）。

マレーシアでは2018年に、がん患者などに大麻オイルを販売した男性に死刑判決が宣告され、当時のマハティール・モハマド首相が判決の再検討を求めるなど大きな論争を巻き起こした。皮肉なことにこの事件がきっかけとなり、大麻犯罪に対する死刑適用の廃止と、DDA改正による医療用大麻の合法化を求める声が一気に高まった。大麻の医療効果を啓発するNPO団体も組織され、合法化を求める運動が各地で展開されるようになった。

その結果、政府関係者や国会議員、著名なイスラム教徒活動家なども合法化すべきかどうかの議論を積極的に行うようになった。このような状況のなかで、前述のアフマド保健相の医療用大麻の合法化を示唆する声明が発表されたのである。

このように、これまで大麻をタブー視し、厳しく取り締まってきたアジア諸国でも状況はどんどん変化している。韓国とタイが医療用大麻を合法化して先陣を切り、その後にフィリピン、インド、マレーシアなどが続こうとしている。日本では医療目的の使用を禁止した大麻取締法を改正しようという動きはまだみられないが、日本はこれからどうすべきかについては次章で論じることにしよう。

終章

世界の大麻市場から取り残される日本

（北海道ヘンプ協会提供）

第1章でも述べたようにWHOの勧告を受けた国連麻薬委員会（UNCND）は2020年12月、大麻を「最も危険な薬物」のリストから除外し、医療目的での使用を認めるという画期的な決定を行った。世界的な大麻解禁の流れのなかでこの決定は行われたわけだが、医療用大麻を禁止している日本はこれからどうするのか。医療用に加え、産業用の大麻「ヘンプ」も実質的に禁止している大麻取締法は時代にそぐわなくなってきているように思える。医療用大麻の使用を求める重病患者の必死の訴えや、環境にやさしく農作物として有用性の高いヘンプを産業として育成したいという人たちの取り組みなども紹介しながら、本当に国民のためになる大麻政策について考えてみたい。

日本でも高まる医療用大麻を求める声

日本でも医療用大麻の解禁を求める動きが高まっている。その大きなきっかけとなったのは、2016年3月に末期がん患者の山本正光さん（当時58歳）が治療のための大麻使用を求めた、日本で初めての医療用大麻裁判である。

神奈川県横浜市のレストランで料理長を務めていた山本さんは２０１３年に肝臓がんと診断され、２０１４年10月に医師から、「余命半年から1年」と告げられた。

山本さんは絶望したが、インターネットで大麻ががん治療に効果があると知り、わずかながら希望を見出《みいだ》した。それから大麻を自宅で栽培し、1年近くにわたって使用。すると、大麻による効果かどうかわからないが、がん診断の基準値の数値が下がり、体のだるさや吐き気なども緩和されたという。ところが２０１５年12月、路上で警察に職務質問され、大麻所持の疑いで逮捕されてしまった。

２０１６年3月に始まった裁判では、弁護側は山本さんの大麻所持の事実は認めながらも、「末期がんの治療のため、やむを得なかった。医療目的の大麻所持を禁止することは生存権などを保障した憲法に違反する」などとして無罪を主張した。

大麻の医療効果を認めようとしない検察側に対し、弁護側証人の福田一典医師は海外の研究報告書などを引用しながら、「米国ではがんセンターで従事する医療関係者の92％が末期がんの場合に医療用大麻を使うことに賛同している」と述べた。国立がんセンター

（現・国立がん研究センター）研究所のがん予防研究部第一次予防研究室長などを経て、銀座東京クリニック院長を務める福田医師は海外の医療用大麻の事情にも深く精通している。

米国では州レベルで医療用大麻の合法化が進み、がん患者の治療にも広く使用されていることは第2章で述べたが、私は1990年代後半にカリフォルニア州サンフランシスコで、大麻を自宅のベランダで栽培していた女性の末期がん患者を取材したことがある。

サンフランシスコ警察の幹部だったという彼女は退職後に肺がんと診断され、抗がん剤治療の副作用の軽減と痛みの緩和のために大麻を使用していた。疼痛の緩和に関して医師からは、「我慢できないほどの激しい痛みの時はモルヒネを使用し、それ以外の比較的軽い痛みの時は大麻を使うように」と勧められていたという。モルヒネは鎮痛薬として即効性があり強力だが、効き過ぎて意識が朦朧《もうろう》として何も考えられなくなってしまったり、吐き気や便秘などの副作用もひどかったりする。これに対し大麻は、鎮痛効果はマイルドだが、思考力が落ちることはなく、副作用もほとんどないからである。

彼女は、「もし今日、モルヒネを使っていたら、あなたの取材に応じることはできなかったでしょう」と話したが、こうしてモルヒネと大麻をうまく使い分けながら、がんの痛みを和らげ、生活の質を維持していたのである。

このように米国では一部の州で二十数年前から、がん患者が治療のために自宅で大麻を栽培することができているのに、日本ではなぜそれが認められないのか。理由は大麻取締法で禁止されているからだが、山本さんの裁判では法的規制の問題や患者の最善の医療を受ける権利などにも話がおよんだ。

自宅のベランダで大麻草を栽培していたがん患者の女性

福田医師は世界医師会が1981年に採択した「リスボン宣言」に言及し、「もし患者さんが医療用大麻を使いたいということを要望した場合、医師はそれを助けてやらないといけない。しかし、それを助けることをできなくしているのが大麻取締法なのです」と述べた。

つまり、リスボン宣言は患者が最善の治療を受ける権利を保障し、医師にも患者の最善の利益のために行動することを求めているが、大麻の医療目的の使用を禁止した大麻取締法がそれを難しくしているということだ。

裁判は終盤にさしかかったところで、山本さんが亡くなってしまい、判決には至らなかったが、弁護人の一人は私の取材に応じてこう話した。

「これまでも大麻に関する裁判はいくつかありましたが、今回は医療の有効性を示す研究結果や報告書をけっこう取り上げてもらいました。そういう意味では裁判官も真剣に受けとめ、真摯に裁判をしてくれたと思います。それだけに山本さんが亡くなってしまったのは残念ですが、最後まで生きていたら、一部無罪の可能性もあったと思います。患者にとっての今回の裁判の意味という点から言えば、日本ではやむを得ない事由で大麻を使用する難病患者を含め、医療用大麻の有効性についての認識不足があり、それを改める意味で一石を投じることができたのではないかと思います」

山本さんは最後まで、「医療目的で大麻を使うことは許されるべきだ」と主張し続けて亡くなったが、その生き方は最善の治療を受ける権利を求める他の重病患者を勇気づけたようだ。この裁判の後、がんや多発性硬化症などの患者が米国へ行き、医療用大麻を試したという話を聞いた。

しかし、日本国内で医療用大麻の使用が認められるようにならなければ、激しい痛みや苦しみを抱える重病患者はなかなか救われない。厚生労働省は「医療用大麻の有効性は医学的に証明されていない。基本的に効果がない治療法について推奨することはない」（監視指導・麻薬対策課）との立場を崩していない。

一方で、世界の状況をみればどんどん変わってきている。本章冒頭で述べたWHOの勧告や国連麻薬委員会の決定もそうだが、厚労省が国際機関による規制の変更を今後の大麻政策にどう反映させていくのか、注視していきたい。

「イスラエル方式」で解禁すれば乱用を防げる

厚労省が医療用大麻を認めない理由としては、有効性の問題の他に、医療用を言い訳にして大麻を使用する人が増え、乱用が広がるのではないかとの懸念があるからだという。

しかし、乱用を防止しながら、医療用大麻を必要としている患者に提供することは可能だと私は思う。「イスラエル方式」を導入すればいいのだ。

イスラエルは１９９０年代初めに医療用大麻を合法化したが、一方で嗜好用は２０１７年に部分的に非犯罪化するまでずっと禁止していた。そして医療用大麻を使用する患者、処方する医師、提供する生産・販売業者を登録制にして厳しく管理することで、大麻がそれ以外の人の手に渡らないようにしてきたのである。

日本もこのやり方で嗜好用を禁止したまま医療用だけを解禁し、関係者を厳しく管理することで乱用を防ぎ、同時に重病患者や高齢者などに医療用大麻を提供することができるのではないか。日本はイスラエルと同じように国土は狭く、国民の遵法精神は高いので、少なくともそれをうまくやる土壌は整っているように思える。

厚労省があくまで医療用大麻の有効性に疑問を持ち、乱用の広がりを懸念するのであれば、最初は一部の重病患者に限定して何年間か使用を許可した上で、評価と分析調査を行うことを提案したい。そこで期待通りの治療効果が得られ、かつ乱用の広がりがみられなければ、他の患者や高齢者などに対象を広げて使用を許可し、医療用大麻を正式に合法化すればよいのではないか。

医療用大麻を段階的に認めるという点では、厚労省が2019年3月に、すでに紹介した、大麻成分を含むてんかん治療薬「エピディオレックス」の治験（臨床試験）を国内で行うことを可能としたのは良かったと思う。

これは参議院の国会質疑において、医師でもある秋野公造《こうぞう》議員（公明党）が行ったエピディオレックスに関する質問に対し、厚労省の担当者が「研究者である医師が厚労大臣の許可をうけて輸入した薬を、治験の対象とされる薬物として国内の患者に用いることは可能だ」（「朝日新聞」デジタル版、2019年4月11日）との見解を示したものである。

大麻取締法で大麻由来の医薬品の使用や輸入、治験が禁止されているなかで、厚労省がエピディオレックスの治験を行うことを可能としたのは画期的とも言える。

もしかしたら、この決定に関しては海外の影響もあったのかもしれない。米国のFDAは2018年6月、エピディオレックスを難治性てんかんの治療向けに承認した。また、韓国は2019年3月に医療用大麻を合法化した後、エピディオレックスを含め多くの大麻由来の医薬品を輸入している。

２０２１年6月現在、日本国内でエピディオレックスの治験が始まったという報道はまだ目にしていないが、難治性てんかんの患者や家族は一刻も早い治験の開始と薬の承認を望んでいるだろう。日本でそれが承認されれば、医療用大麻の合法化に向けた大きな一歩となるかもしれない。

厚労省は医療用大麻を解禁した場合の懸念だけでなく、メリットの部分にも目を向けることが大切ではないだろうか。特に超高齢社会に突入した日本において、医療用大麻が果たし得る役割は計り知れないと思うからだ。総人口に占める65歳以上の割合がすでに28％を超え、医療費や介護費の増大が大きな課題となっているが、医療用大麻はこの問題を解決する可能性を秘めているかもしれないのである。

第2章でも述べたように、人は年をとるといろいろな病気を抱えやすく、薬を大量に服用するようになるが、医療用大麻は高齢者がかかりやすい関節炎や認知症、緑内障、胃腸障害、不眠症などの症状の改善に効果的とされている。その結果、高齢者の薬の使用量が減り、医療費が節約され、同時に生活の質が向上することが、イスラエルの老人ホームや米国の退職者コミュニティなどでも実証されているのだ。

厚労省にはこれらの要素をすべて考慮した上で、医療用大麻を合法化するかどうか、合理的に判断していただきたい。

北海道に新たなヘンプ産業の創出を

医療用大麻の有効性に加え、産業用大麻「ヘンプ」の有用性という点からも、大麻取締法はそろそろ見直すべき時期にきているように思える。

本書で繰り返し述べてきたように、ヘンプは世界の多くの国で繊維や建材、自動車内装材、食品などに使用されているが、日本では大麻取締法によって栽培が厳しく制限されているため、ヘンプ産業はほとんど育っていない。このようななかで、「北海道にヘンプ産業を創出しよう」との目標を掲げて活動を始めた人たちがいる。第3章で紹介した北海道ヘンプ協会（HIHA）である。

同協会の菊地治己代表理事によると、北海道では戦前まで製麻工場の原料作物として、亜麻とともにヘンプが広く栽培されていたという。寒冷な気候の北海道では家の新築やリフォームにヘンプの断熱材が多く使われているが、国産品が少ないため、ドイツなど欧州から輸入しなければならないそうだ。菊地氏は、「できれば日本でヘンプを栽培し断熱材に加工して、使ってもらうのがよい」と話す。

菊地氏によれば、北海道にはヘンプを栽培したい人はたくさんいるが、実際に大麻取扱者の免許を取得して栽培している人は2020年12月時点で、一人もいない。2006年から2018年まで、北見市の「香遊生活」という有限会社が「おがら（麻がら）」などの生産を目的としてヘンプを栽培していたが、同社の社長が亡くなったため、ゼロになってしまったのだという。

大麻取扱者の減少は北海道に限ったことではなく、全国的にみられる傾向である。第1章でも述べたように、大麻取締法施行から6年後の1954年には3万7000人いた大麻取扱者が、2016年にはなんと1000分の1の37人に減ってしまったのである。

厚労省は減少の理由について、「理由は承知していない。審査基準は各都道府県の担当者が決めている」（監視指導・麻薬対策課）と説明している。つまり、大麻取扱者の免許を交付するかどうかの決定は各自治体が行っているので、厚労省としてはわからないということだが、はたして本当にそうなのだろうか。

たしかに大麻取扱者の申請の受け付けは都道府県の薬務担当者が行い、免許交付の決定権は各自治体にあるとされているが、その判断には厚労省の意見が強く反映されているようだ。実際に大麻取扱者の免許の申請をした人によると、大麻の伝統の継承や生活に密着した必需品の栽培は正当な理由と判断され、一方、種子や繊維などの農作物としての栽培目的では許可されにくい傾向があるという。

大麻取締法は本来、農作物としてのヘンプの栽培を認めているにもかかわらず、実際の運用現場ではそうなっていない。麻薬としての大麻（マリファナ）の乱用防止に力を入れるあまり、大麻取扱者の数をできるだけ少なく抑えようとしているように思える。そんななかで、大麻取締法に関する新たな問題が浮き彫りとなった。

ヘンプ産業の育成を妨げる大麻取締法

北海道立上川農業試験場で長年、米の品種改良などに従事した経験を持つ菊地氏は、2014年から3年間、大麻取扱者の研究者免許を地元の農家と共同で取得し、栃木県で育成されたヘンプ品種「とちぎしろ」の試験栽培を行った。その結果、北海道でもその栽培

フランスで栽培されているヘンプイット社の「サンティカ27」
(北海道ヘンプ協会提供)

は可能だが、開花期が9月中旬と遅く、登熟不良で、食用の子実生産や採種には不向きだということがわかった。

そこで菊地氏は、フランスのヘンプイット社が開発したTHC(テトラヒドロカンナビノール)0%で、北海道でも生産可能な品種「サンティカ27」の種子を輸入しようと考えた。ところが、ヘンプイット社からの了解は得られたが、日本の役所から「待った」をかけられてしまったという。

現行の大麻取締法と貿易管理令のもとでは、大麻(ヘンプ)の種子を日本に輸入する場合、熱処理など発芽不能処理をした食用・飼料用のものしか認められていないからである。たとえ研究用であっても例外は認められない、というのが厚労省の見解だという。これは大麻取締法がヘンプ産業の育成を妨げていることをよく示している事例のように思える。

そもそも大麻取締法には、ヘンプとは何かという概念や定義が示されていない。前にも述べたが、ヘンプはTHC含有量が0・3%未満の大麻を意味するが、これは主に嗜好用や医療用に使われる大麻（マリファナ）と区別するために世界的に使われている基準である。THCの量が0・3%未満ということは、吸引しても精神的に高揚することはないため（世界的にはそう考えられている）、麻薬ではなく農作物として扱われることになる。したがって、米国でも2018年12月にヘンプが連邦法で合法化された時、連邦麻薬取締局（DEA）の管理対象から外され、米農務省（USDA）の管轄になった。

一方、日本の大麻取締法にはこの規定はなく、ヘンプをマリファナと区別せずにすべての大麻を同じように禁止している。それが問題なのである。そこで菊地氏らが提案しているように（『農業経営者』2020年12月号）、大麻取締法のなかに新たにヘンプとマリファナを区別する規定を設け、ヘンプを麻薬としてではなく農作物として扱い、管轄する部署を厚労省の麻薬対策課から農水省に移したらどうだろうか。少なくとも現行の大麻取締法のもとでは、大麻取扱者に栽培の許可は出しているが、農作物としての栽培を積極的に勧めていないため、ヘンプ産業を育成することはできないだろう。

厚労省のなかには、「THCが0・3%未満と微量であっても、濃縮などの方法により、乱用につながる危険性はある」と主張する職員もいる。

しかし、世界各国のヘンプ事情に詳しいパトリック・コリンズ麻布大学名誉教授は「それは間違っています。厚労省の仮説にすぎません」と、きっぱり否定している（北海道ヘンプ協会「ASACON2019」報告書より）。

コリンズ名誉教授によると、1996年にドイツ人の研究者が「THCの濃度が0・3%未満の大麻はマリファナではない」という基準を作って以来、欧州では多くの国でヘンプが普通の農作物として栽培されるようになった。そして先進国では合計約10万ヘクタールの農地にヘンプが栽培されているが、そのヘンプのTHCが濃縮されて問題になったことはないという（同前）。

どうやら日本政府の大麻に対する考え方は、「世界の常識」とかけ離れているようだ。

日本初の本格的なヘンプビジネス国際会議

菊地氏が代表を務める北海道ヘンプ協会では２０１８年に中国黒龍江省ヘンプ産業視察ツアーを実施したことは第３章で述べたが、他に海外のヘンプ専門家などを日本に招いて国際会議も行っている。

２０１９年10月、同協会の本部がある旭川市で、「ＡＳＡＣＯＮ２０１９〜環境と健康に優しい産業用ヘンプ国際会議」が開催された。この会議にはフランス、オランダ、イギリス、米国、カナダ、中国など海外12カ国から38人、国内から１８０人（うち北海道内１００人）が参加し、各国のヘンプ産業の現状や北海道でヘンプ産業を発展させる上での課題などについて有意義な議論が行われたという。

特に注目されたのは北海道を含め全国から大勢の参加者が集まったことで、そのなかにはヘンプに詳しい人、ＣＢＤ関連のビジネスを始めた人、ヘンプ製品の生産に興味がある人が多かったという。

国内外から200人以上が参加して大盛況だった「ASACON2019」（北海道ヘンプ協会提供）

３日間にわたる会議の様子は「北海道新聞」、「あさひかわ新聞」、「共同通信」などによって、海外で進む産業用大麻の活用状況を知り、その有用性を広めるための意義のあるイベントとして好意的に取り上げられた。菊地氏は、「ＡＳＡＣＯＮをきっかけにして、北海道にヘンプ産業を作ろうという機運が高まってきた」と話す。

農学博士として長年、米の品種改良に携わってきた菊地氏は、「米には多くの予算がついて大切に扱われるが、ヘンプはひどい扱いを受けている」と感じていた。そこで農業試験場を定年退職した時、「残りの人生は大麻（ヘンプ）のイメージ改善のために費やした

オランダで40年以上にわたり大麻ビジネスに携わるドロンカーズ氏
(北海道ヘンプ協会提供)

い」と考え、北海道ヘンプ協会を設立し、自ら代表理事に就任したという。

菊地氏は私の取材の最後に、「ヘンプを普通の農作物として栽培することを認めてほしいだけなのです」と語ったが、その言葉からはこの植物への熱い思いが伝わってきた。

1970年代半ばに大麻の個人使用が非犯罪化されたオランダで、大麻草の品種改良などに取り組んだ後、ヘンプ製品の生産・販売などを展開するヘンプフラックス社を創業したベン・ドロンカーズ氏は、ASACON2019で講演し、ヘンプ繊維の有用性などについて話しながら、こう訴えた。

「私は日本に参りまして、日本の方々に対して、ぜひ立ち上がっていただきたいと訴えたいわけです。これは皆さんのためだからです。そして、誰もが自由にヘンプを栽培し、利用できるようになるべきです。ぜひともそれを実現しましょう」

はたしてドロンカーズ氏の訴えは日本の政府や国民に届くだろうか。

日本にも「グリーンラッシュ」は到来するのか

大麻の主成分に、精神活性作用のあるTHCと医療効果のあるCBDが含まれていることは既述したが、世界の大麻市場ではいま、CBDを使った健康食品やサプリメント、化粧品、医薬品などの製品が爆発的な盛り上がりをみせている。

しかも驚いたことに、CBD製品は日本にも輸入され、ドラッグストアやデパート、総合スーパーなどで販売されているのだ。大麻成分から作られた製品がなぜ日本で販売されているのか疑問に思われるかもしれないが、本当の話だ。なぜそれが許されるのか。

大麻取締法の第一条は、「この法律で『大麻』とは、大麻草（カンナビス・サティバ・エル）及びその製品をいう。ただし、大麻草の成熟した茎及びその製品（樹脂を除く。）

並びに大麻草の種子及びその製品を除く」と規定しているため、成熟した茎と種子を取り扱うことや、それらを原料としたＣＢＤ製品を輸入し販売することは違法とみなされないのである。世界的なＣＢＤ市場の活況を受けて、日本でも数年前からちょっとしたＣＢＤブームが起きているようだが、ＣＢＤの医療効果や依存性の低さを考えれば、人気を博しているのはまったく不思議ではない。

主要ビジネスサイト「ダイヤモンド・オンライン（ＤＯＬ）」は２０１９年11月11日から４回にわたり、「グリーンラッシュがやってくる」と題する特集を組み、海外の大麻産業の現状やＣＢＤの効果・効能、大麻をめぐる法制度、日本におけるＣＢＤビジネスの現状などについて詳しく報じた。

この記事で特に興味深かったのは、昭和大学薬学部（東京都品川区）で２０１９年10月６日に行われた「ＣＢＤの現在と未来」セミナーに、約１８０人ものビジネスパーソンが殺到したということだ。そのなかには、大学の研究者や厚労省の官僚の他、医薬品・食品・化粧品メーカーの製品開発に関わる研究者なども含まれていたそうだが、新しいＣＢＤビジネスへの関心の高さをうかがわせる。

記事は米国など海外からCBD製品を輸入して国内で販売している企業のケースも具体的に伝えたが、重要なポイントは大麻に関する日本特有の法的規制の問題である。

たとえば、米国ではTHC量が0・3％未満のヘンプのすべての部位を使ってCBD製品を生産し販売できるが、日本向けの製品は原料を茎と種子だけに限定し、かつTHCを完全に取り除いて生産しなければならない。前述したように、茎・種子以外の部位とTHCは大麻取締法の規制対象となっているからである。

この法的規制があるために、日本の輸入業者は厚労省の麻薬対策課と税関にCBD製品の成分表や抽出した部位の写真類を提出し、審査を受けなければならない。また、海外の大麻企業も日本向けのCBD製品を作るために茎と種子のみを原料とし、かつTHCを完全に取り除いた生産ラインを別に用意しなければならず、大きな負担を強いられることになる。

記事によれば、このような状況のなかで、米国から輸入したCBD製品に茎と種子以外の部位を使用していたとの疑いが出て、出荷停止に追い込まれたケースがあったという。問題は海外の大麻企業が日本向けのCBD製品の原料成分表に「虚偽の記述」をしたとしても、日本の輸入業者がそれを調べるのは非常に難しいということだ。製品の原料がどの部位から抽出されたのかを分析する機器は極めて高価で、中小企業にはなかなか購入できないからだという。

しかしよく考えてみれば、このような問題が起こる根本原因は日本が海外と異なる基準、法的規制を設けているからである。結局、日本に「グリーンラッシュ」が到来するかどうかは、政府が大麻取締法を改正し、ヘンプを普通の農作物として認めることができるかどうかにかかっている。少なくともいまのままでは、日本の輸入業者や海外の大麻企業に余計なコストや負担がかかり、CBDビジネスのさらなる成長を望むのは難しいだろう。

一方、ヘンプを普通の農作物として栽培できるように法改正をすれば、日本でヘンプ製品やCBD製品をどんどん生産し、海外へ輸出することも可能となる。そうすればヘンプ産業が、「失われた20年、30年」と言われ、長期低迷している日本経済を再生させる起爆剤になるかもしれない。前述した医療用大麻の合法化の問題も含めて、日本はいま、大きな岐路に立たされていることは間違いない。

おわりに

本書では世界的に進む大麻解禁の動きを経済効果や社会的コスト、健康・医療、環境などの側面に焦点を当てながら、大麻の「もうひとつの真実」について論じてきた。大麻が酒やたばこと同じように嗜好品として、あるいは病気の治療に有効な医薬品として使われ、人々の生活に役立っている実態を知って驚いた人も少なくないかもしれない。逆にいえば、それだけ厚生労働省の大麻の有害性や危険性に関する「ミスリード」がうまくいっているということであろう。

しかし、政府によるミスリードは日本に限らず、世界の多くの国で行われてきた。つまり、科学的な証拠に基づいてではなく、政治的な思惑や産業界の圧力などによって大麻の使用が禁止されてきたということだが、米国でも数十年前まではそうだった。しかし、人々がだんだん政府の「ウソ」に気づき、大麻の個人使用を求めて声をあげ、メディアもそれを大きく取り上げ、世論や社会を動かした。その結果、1996年にカリフォルニア州で初めて医療用大麻が合法化され、その後36州にまで広がった。同様に嗜好用大麻も2012年にコロラド州とワシントン州で初めて合法化され、現在は18州に増えた。

米国のメディアや国民の多くは政府のウソに気づいた時、「仕方ない」とあきらめるのではなく、声をあげて立ち上がった。第2章でも述べたように、CNNテレビが2014年に医療用大麻の特集番組の第2弾を放送した時、レポーターのグプタ氏が「1年かけて取材してわかったのは、私たち（メディア）はミスリードされてきたということです。医療用大麻はてんかんなど数十種類の病気の治療に効果があるのです」ときっぱり言った。

この番組は大きな反響を呼び、医療用大麻の効能を全米の人々に知らしめるのに役立った。日本のメディアに必要なのは、このような報道姿勢と行動力ではないだろうか。

この数十年で大麻をめぐる世界の状況は大きく変わった。いまのところ、厚労省は従来の政策を頑なに守ろうとしているように思えるが、近い将来、何らかの変更を余儀なくされるのではないか、と私はみている。その理由は、厚労省がこれまで厳しい大麻禁止政策を続ける拠《よ》り所《どころ》としてきたもの（状況）が変わり始めていることである。

ひとつは第1章でも述べたように、国連がＷＨＯの勧告を受けて大麻の規制を緩和する決定を行ったこと。もうひとつは、かつて日本に大麻取締法の制定を指示した「本家本元」の米国で、大麻規制をめぐる状況が大きく変化していることだ。州レベルの解禁が進んでいることに加え、民主党のバイデン政権の誕生で連邦法の合法化が近くなったと言われているのである。もしそうなった場合、米国追随型の日本ははたしてどうするのか。

厚労省は医療用大麻に関して、「有効性は医学的に証明されていない」と言い切っている。しかし、第2章でも紹介したように、1万本以上の大麻関連の論文を分析調査したという全米科学・工学・医学アカデミーは、「大麻は特定の治療に効果を発揮する」と述べている。

また、信頼性に定評のある『ナショナル・ジオグラフィック』の別冊「マリファナ　世界の大麻最新事情」（2020年3月16日）には、「大麻にも当然リスクはあるが、リスクと同等に、その薬効についても考慮されるべきだろう。特定の発作など、いまだに治療法の少ない症状を持つ患者のなかには、ＣＢＤに劇的な効果を感じている人々もいる」と書かれている。

大麻にもリスクはあるが、それは厚労省が言うように重大なものではない。だから、ＷＨＯも国連も大麻の医療価値を認めるような決定を行ったのであろう。大切なのはリスクをうまくコントロールして、患者が医療用大麻の恩恵を受けられるようにすることではないか。

薬物にリスクはつきものだが、大麻の危険性を軽視することもいたずらに誇張することもなく、正しい知識を持って付き合っていくことが大切である。それによって大麻使用による健康被害や社会的な悪影響を最小限にし、同時に人々の病気の治療や健康増進、生活の質の向上などに役立てることができると私は信じている。本書がその一助になれば幸いである。

２０２１年６月

矢部　武

矢部 武（やべ たけし）

一九五四年、埼玉県生まれ。国際ジャーナリスト。七〇年代半ばに渡米し、アームストロング大学で修士号を取得。帰国後、ロサンゼルス・タイムズ東京支局記者等を経てフリーに。著書に『アメリカ白人が少数派になる日』（かもがわ出版）、『大統領を裁く国 アメリカ』（集英社新書）、『アメリカ病』（新潮新書）、『人種差別の帝国』（光文社）、『大麻解禁の真実』（宝島社）、『医療マリファナの奇跡』（亜紀書房）、『日本より幸せなアメリカの下流老人』（朝日新書）など多数。

集英社新書一〇八一A

世《せ》界《かい》大《たい》麻《ま》経《けい》済《ざい》戦《せん》争《そう》

二〇二一年八月二二日 第一刷発行

著者……矢部《やべ》 武《たけし》
発行者……樋口尚也
発行所……株式会社集英社
東京都千代田区一ツ橋二-五-一〇 郵便番号一〇一-八〇五〇
電話 〇三-三二三〇-六三九一（編集部）
〇三-三二三〇-六〇八〇（読者係）
〇三-三二三〇-六三九三（販売部）書店専用

装幀……原 研哉
印刷所……凸版印刷株式会社
製本所……加藤製本株式会社

定価はカバーに表示してあります。

ISBN 978-4-08-721181-8 C0233
Printed in Japan

集英社新書　好評既刊

政治・経済——A

- 儲かる農業論　エネルギー兼業農家のすすめ　金子　勝／武本俊彦
- 国家と秘密　隠される公文書　久保　亨／瀬畑　源
- 秘密保護法—社会はどう変わるのか　宇都宮健児／堀　敏明／足立昌勝／林　克明
- 沈みゆく大国　アメリカ　堤　未果
- 亡国の集団的自衛権　柳澤協二
- 資本主義の克服「共有論」で社会を変える　金子　勝
- 沈みゆく大国　アメリカ〈逃げ切れ！　日本の医療〉　堤　未果
- 「朝日新聞」問題　徳山喜雄
- 丸山眞男と田中角栄「戦後民主主義」の逆襲　佐高　信／早野　透
- 英語化は愚民化　日本の国力が地に落ちる　施　光恒
- 宇沢弘文のメッセージ　大塚信一
- 経済的徴兵制　布施祐仁
- 国家戦略特区の正体　外資に売られる日本　郭　洋春
- 愛国と信仰の構造　全体主義はよみがえるのか　中島岳志／島薗　進
- イスラームとの講和　文明の共存をめざして　内藤正典／中田　考
- 「憲法改正」の真実　樋口陽一／小林　節
- 世界を動かす巨人たち〈政治家編〉　池上　彰
- 安倍官邸とテレビ　砂川浩慶
- 普天間・辺野古　歪められた二〇年　宮城大蔵／渡辺　豪
- イランの野望　浮上する「シーア派大国」　鵜塚　健
- 自民党と創価学会　佐高　信
- 世界「最終」戦争論　近代の終焉を超えて　内田　樹／姜　尚中
- 日本会議　戦前回帰への情念　山崎雅弘
- 不平等をめぐる戦争　グローバル税制は可能か？　上村雄彦
- 中央銀行は持ちこたえられるか　河村小百合
- 近代天皇論　——「神聖」か、「象徴」か　片山杜秀／島薗　進
- 地方議会を再生する　相川俊英
- ビッグデータの支配とプライバシー危機　宮下　紘
- スノーデン　日本への警告　エドワード・スノーデン／青木　理　ほか
- 閉じてゆく帝国と逆説の21世紀経済　水野和夫
- 新・日米安保論　柳澤協二／伊勢崎賢治／加藤　朗
- グローバリズム　その先の悲劇に備えよ　中野剛志／柴山桂太
- 世界を動かす巨人たち〈経済人編〉　池上　彰

a pilot of wisdom

アジア辺境論 これが日本の生きる道　内田 樹／姜 尚中
ナチスの「手口」と緊急事態条項　長谷部恭男／石田勇治
「在日」を生きる ある詩人の闘争史　金 時鐘／佐高 信
改憲的護憲論　松竹伸幸
決断のとき——トモダチ作戦と涙の基金　小泉純一郎 取材・構成 常井健一
公文書問題 日本の「闇」の核心　瀬畑 源
大統領を裁く国 アメリカ　矢部 武
国体論 菊と星条旗　白井 聡
広告が憲法を殺す日　本間 龍／南部義典
よみがえる戦時体制 治安体制の歴史と現在　荻野富士夫
権力と新聞の大問題　望月衣塑子／マーティン・ファクラー
「改憲」の論点　木村草太／青井未帆 ほか
保守と大東亜戦争　中島岳志
富山は日本のスウェーデン　井手英策
スノーデン 監視大国 日本を語る　エドワード・スノーデン／国谷裕子 ほか
「働き方改革」の嘘　久原 穏
国権と民権　佐高 信／早野 透

限界の現代史　内藤正典
除染と国家 21世紀最悪の公共事業　日野行介
安倍政治 100のファクトチェック　南 彰／望月衣塑子
「通貨」の正体　浜 矩子
隠された奴隷制　植村邦彦
未来への大分岐　マルクス・ガブリエル／マイケル・ハート／ポール・メイソン／斎藤幸平・編
「国連式」世界で戦う仕事術　滝澤三郎
国家と記録 政府はなぜ公文書を隠すのか？　瀬畑 源
水道、再び公営化！ 欧州・水の闘いから日本が学ぶこと　岸本聡子
改訂版 著作権とは何か 文化と創造のゆくえ　福井健策
朝鮮半島と日本の未来　姜 尚中
人新世の「資本論」　斎藤幸平
国対委員長　辻元清美
アフリカ 人類の未来を握る大陸　別府正一郎
〈全条項分析〉日米地位協定の真実　松竹伸幸
日本再生のための「プランB」　兪 炳匡
新世界秩序と日本の未来　内田 樹／姜 尚中

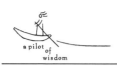